带下界约束的聚类问题的近似算法

韩 璐 著

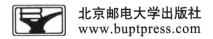

北京邮电大学出版社
www.buptpress.com

图书在版编目(CIP) 数据

带下界约束的聚类问题的近似算法 / 韩璐著. -- 北京：北京邮电大学出版社, 2023.8

ISBN 978-7-5635-6968-7

Ⅰ. ①带… Ⅱ. ①韩… Ⅲ. ①近似算法 Ⅳ. ①O242.2

中国国家版本馆 CIP 数据核字（2023）第 145184 号

策划编辑：彭　楠　　责任编辑：王小莹　　责任校对：张会良　　封面设计：七星博纳

出 版 发 行：北京邮电大学出版社

社　　　址：北京市海淀区西土城路 10 号

邮 政 编 码：100876

发 　行 　部：电话：010-62282185　传真：010-62283578

E-mail: publish@bupt.edu.cn

经　　　销：各地新华书店

印　　　刷：北京虎彩文化传播有限公司

开　　　本：720 mm×1 000 mm　1/16

印　　　张：8

字　　　数：150 千字

版　　　次：2023 年 8 月第 1 版

印　　　次：2023 年 8 月第 1 次印刷

ISBN 978-7-5635-6968-7　　　　　　　　　　　　　　　　定价：60.00 元

前　　言

聚类问题是多学科交叉领域的重点和难点问题, 在运筹学、理论计算机科学和管理科学等领域均有广泛的应用.

本书聚焦带下界约束的聚类问题, 主要介绍与其相关的近似算法. 本书的第 1 章介绍经典的聚类问题及其变形的研究现状. 第 2 章介绍带下界约束的 k-中位问题的近似算法. 第 3 章介绍广义的带下界约束的 k-中位问题的近似算法. 第 4 章介绍带下界约束的背包中位问题的近似算法. 第 5 章介绍其他带下界约束的聚类问题的近似算法.

感谢天津理工大学吴晨晨教授, 中国科学院深圳先进技术研究院许宜诚副研究员, 东南大学 Vincent Chau 副教授, 北京工业大学冯俊锴博士后对本书初稿提出的宝贵意见和修改建议. 感谢作者的研究生夏欣兰付出很多时间和精力校对初稿.

感谢北京工业大学徐大川教授, 中国科学院数学与系统科学研究院胡旭东研究员、陈旭瑾研究员, 加拿大新布伦瑞克大学杜东雷教授等多年来给予作者的支持和帮助. 感谢北京工业大学赵欣苑副教授、郝春林副教授、张真宁副教授、杨瑞琪博士、张亚璞博士, 杭州电子科技大学梅丽丽博士, 河北工业大学姬赛博士, 鲁东大学姜燕君副教授, 太原师范学院闫喜红教授, 中国航天科工集团第三研究院王凤敏高级工程师, 中国科学院数学与系统科学研究院王长军副研究员、王义晶博士后在平时给予作者的诚恳建议和耐心帮助. 感谢北京邮电大学理学院和学院各位同事为作者提供的良好科研环境. 感谢北京邮电大学理学院邹秦萌副教授、田烨特聘副研究员、李植博士, 在本书的撰写和编辑过程中给予作者的帮助.

谨以此书献给作者的父母, 本书的完成离不开你们的理解和支持, 感谢你们的无私奉献.

本书的研究得到了国家自然科学基金 (编号：12001523) 的资助.

由于作者水平有限, 本书难免有错误和不妥之处, 欢迎读者批评指正.

韩 璐

北京邮电大学

2023 年 3 月

目　　录

第 1 章　绪　　论

本章主要介绍经典的聚类问题及其变形. 1.1 节介绍三种经典的聚类问题, 包括无容量约束的设施选址问题 (uncapacitated facility location problem, 简记 UFL), k-中位问题 (k-median problem, 简记 k-median) 和 k-中心问题 (k-center problem, 简记 k-center). 1.2 节介绍与 UFL、k-median 和 k-center 相关的几种重要变形.

1.1　经典的聚类问题

聚类在运筹学、理论计算机科学和管理科学等领域均有广泛的应用, 旨在把给定对象按目标和要求划分到多个簇中, 使得同簇中的对象具有较大的相似性.

在组合优化领域中, 根据聚类目标的不同, 主要有三种经典的聚类问题, 分别为 UFL、k-median 和 k-center. 由于 UFL、k-median 和 k-center 均为 NP-困难问题, 在 P $\neq$ NP 的假设下, 它们均不存在多项式时间精确算法. 因此, 众多专家学者致力于为它们设计近似算法. 近似算法是对问题的所有实例均可在多项式时间内输出其有质量保证的可行解的算法. 以极小化问题为例, 如果某个算法可用于求解问题的任意实例, 并且可在多项式时间输出可行解, 同时保证可行解的目标值不超过问题最优解目标值的 θ 倍, 那么称此算法为极小化问题的 θ-近似算法, 称 θ 为算法的近似比. 不难看出, 此时近似比 θ 满足 $\theta \geqslant 1$. 类似地, 对极大化问题, 如果某个算法可用于求解问题的任意实例, 并且可在多项式时间输出可行解, 同时保证可行解的目标值至少为问题最优解目标值的 θ 倍, 那么称此算法为极大化问题的 θ-近似算法, 仍称 θ 为算法的近似比. 不难看出, 此时近似比 θ 满足 $\theta \leqslant 1$.

在 UFL 中, 给定设施集合和顾客集合. 开设设施产生开设费用. 连接顾客到设施产生连接费用, 连接费用等于设施与顾客之间的给定距离. 假设距离是度量的, 即满足非负性、对称性以及三角不等式. 目标是开设若干设施, 连接每个顾客到某个开设的设施上, 使得设施的开设费用与顾客的连接费用之和达到最小. 如未特别指出, 本章中介绍的聚类问题的相关结果均是在距离是度量的假设下给出的. UFL 的近似算法结果非常丰富, 算法主要涉及到四类技巧, 包括线性规划舍

入 (LP-rounding) [1-5]、原始对偶 (primal-dual) [6]、对偶拟合 (dual-fitting) [7-9] 和局部搜索 (local search)[10-11]. 基于 Lin 和 Vitter [12] 提出的过滤 (filtering) 和舍入 (rounding) 技巧, Shmoys 等 [4] 给出 UFL 的首个常数近似算法, 近似比为 3.16. 基于线性规划舍入和对偶拟合技巧, Li [3] 给出 UFL 目前最好的 1.488-近似算法. 另一方面, Guha 和 Khuller [13] 证明除非 NP $\subseteq$ DTIME($n^{O(\log\log n)}$), 否则 UFL 不存在近似比小于 1.463 的近似算法. 随后, Sviridenko [5] 将结论加强, 证明除非 P = NP, 否则 UFL 不存在近似比小于 1.463 的近似算法.

在 k-median 中, 给定设施集合、顾客集合和正整数 k. 连接顾客到设施产生连接费用, 连接费用等于设施与顾客之间的给定距离. 目标是开设至多 k 个设施, 连接每个顾客到某个开设的设施上, 使得所有顾客的连接费用之和达到最小. 对 k-median, 称其需满足的开设设施的个数不超过 k 个的要求为基数约束. 对任意的 $\epsilon > 0$, Lin 和 Vitter [12] 给出 k-median 的双标准近似算法, 算法所得解开设至多 $(1 + 1/\epsilon)k$ 个设施, 且所得解的目标值不超过最优解目标值的 $2(1 + \epsilon)$ 倍. Bartal [14] 和 Charikar 等 [15] 均给出不违反基数约束的近似算法, 近似比分别为 $O(\log n \log\log n)$ 和 $O(\log k \log\log k)$. 基于线性规划舍入技巧, Charikar 等 [16] 给出 k-median 的首个常数近似算法, 近似比为 20/3. 随后, Jain 和 Vazirani [6] 运用原始对偶技巧将近似比改进到 6. 基于 Jain 和 Vazirani [6] 的结果, 结合贪婪增广 (greedy augmentation) 技巧, Charikar 和 Guha [17] 将近似比改进到 4. 此外, Jain 等 [8] 通过对偶拟合技巧给出 4-近似算法; Arya 等 [10] 通过局部搜索技巧给出 $(3+\epsilon)$-近似算法. Li 和 Svensson [18] 首次将近似比改进到 3 以下, 给出 k-median 的 $(1+\sqrt{3}+\epsilon)$-近似算法, 算法的实现主要由两阶段构成. 第一阶段构造出有质量保证的伪可行解, 伪可行解是指开设设施个数比基数输入 k 要多常数个的解. 第二阶段在保证费用变化不大的前提下, 基于伪可行解构造出不违反基数约束的可行解. 基于 Li 和 Svensson [18] 的工作, Byrka 等 [19] 运用相关舍入技巧给出 k-median 的 $(2.675 + \epsilon)$-近似算法. 通过设计并调用 UFL 的改进的拉格朗日乘子保持近似算法, Cohen-Addad 等 [20] 给出 k-median 目前最好的 2.670 59-近似算法. Jain 等 [8] 证明除非 NP $\subseteq$ DTIME($n^{O(\log\log n)}$), 否则 k-median 不存在近似比小于 1.736 的近似算法.

在 k-center 中, 给定顶点集合和正整数 k. 连接两个顶点产生连接费用, 连接费用等于两个顶点之间的给定距离. 目标是选取至多 k 个顶点作为中心, 连接每个顶点到某个中心上, 使得所有顶点的连接费用中最大的连接费用达到最小. 对 k-center, 称其需满足的选取中心的个数不超过 k 个的要求为基数约束. Gonzalez [21]、Hochbaum 和 Shmoys [22]、Hochbaum 和 Shmoys [23], 以及 Hsu 和

Nemhauser [24] 均给出对 k-center 的 2-近似算法. Gonzalez [21] 证明除非 P = NP, 否则 k-center 不存在近似比小于 2 的近似算法.

1.2 聚类问题的重要变形

由于聚类问题有着广泛的应用背景, 其变形也引起了众多专家学者的关注. 下面介绍与 UFL、k-median 和 k-center 相关的几种重要变形.

1.2.1 k-设施选址问题

当对 UFL 中开设设施的个数有上界限制时, 可得到其变形 k-设施选址问题 (k-facility location problem, 简记 k-FL). 在 k-FL 中, 给定设施集合、顾客集合和正整数 k. 开设设施产生开设费用. 连接顾客到设施产生连接费用, 连接费用等于设施与顾客之间的给定距离. 目标是开设至多 k 个设施, 连接每个顾客到某个开设的设施上, 使得设施的开设费用与顾客的连接费用之和达到最小. 值得注意的是, 当对 k-median 中每个设施给定其开设费用并将设施的开设费用考虑到目标中时, 也可得到 k-FL, 因此 k-FL 也是 k-median 的变形. 基于 UFL 的原始对偶 3-近似算法, 并结合拉格朗日松弛技巧, Jain 和 Vazirani [6] 给出 k-FL 的首个常数近似算法, 近似比为 6. 基于局部搜索技巧, Zhang [25] 给出 k-FL 目前最好的 $(2 + \sqrt{3} + \epsilon)$-近似算法.

1.2.2 带背包约束的变形

若将 k-median 中的基数约束推广到背包约束, 可得到背包中位问题 (knapsack median problem, 简记 knapsack median). 在 knapsack median 中, 给定设施集合、顾客集合和非负预算 B. 对任意的设施, 给定其非负权重. 连接顾客到设施产生连接费用, 连接费用等于设施与顾客之间的给定距离. 目标是开设若干设施, 连接每个顾客到某个开设的设施上, 使得开设设施的权重之和不超过预算 B, 所有顾客的连接费用之和达到最小. 对 knapsack median, 称其需满足的开设设施的权重之和不超过预算 B 的要求为背包约束. 由于 knapsack median 传统的线性规划松弛的整数间隙是无穷的, 而整数间隙是近似比的下界保证, 无穷的整数间隙将导致无法基于传统的线性规划松弛给出 knapsack median 的常数近似算法. 通过对顾客增强其连接到设施的要求来构造新的线性规划松弛, Kumar [26] 给出 knapsack median 的首个常数近似算法, 近似比为 2 700. 随后, Charikar 和 Li [27]、Swamy [28] 和 Byrka 等 [29] 分别将近似比改进到 34、32 和 17.46. 基于迭代舍入 (iterative rounding) 技巧, Krishnaswamy 等 [30] 给出 knapsack median 目前

最好的 $7.081(1 + \epsilon)$ 近似算法.

类似地, 若将 k-center 中的基数约束推广到背包约束, 可得到背包中心问题 (knapsack center problem, 简记 knapsack center). 在 knapsack center 中, 给定顶点集合和非负预算 B. 对任意的顶点, 给定其非负权重. 连接两个顶点产生连接费用, 连接费用等于两个顶点之间的给定距离. 目标是选取若干顶点作为中心, 连接每个顶点到某个中心上, 使得选取中心的权重之和不超过预算 B, 所有顶点的连接费用中最大的连接费用达到最小. 对 knapsack center, 称其需满足的选取中心的权重之和不超过预算 B 的要求为背包约束. Hochbaum 和 Shmoys [22] 称 knapsack center 为带权重约束的 k-中心问题 (weighted k-center problem), 并给出此问题的 3-近似算法. 同时, Hochbaum 和 Shmoys [22] 证明除非 P = NP, 否则 knapsack center 不存在近似比小于 3 的近似算法.

若在 UFL 的基础上增加背包约束, 可得到背包设施选址问题 (knapsack facility location problem, 简记 knapsack FL). 在 knapsack FL 中, 给定设施集合、顾客集合和非负预算 B. 对任意的设施, 给定其非负权重. 开设设施产生开设费用. 连接顾客到设施产生连接费用, 连接费用等于设施与顾客之间的给定距离. 目标是开设若干设施, 连接每个顾客到某个开设的设施上, 使得开设设施的权重之和不超过预算 B, 设施的开设费用与顾客的连接费用之和达到最小. 对 knapsack FL, 称其需满足的开设设施的权重之和不超过预算 B 的要求为背包约束. Byrka 等 [29] 表明 knapsack median 的 17.46-近似算法可被推广到求解 knapsack FL 上, 从而得到 knapsack FL 目前最好的近似算法, 近似比仍为 17.46.

1.2.3 奖励收集的变形

由于 UFL 中可能存在部分距离较远的顾客对目标值产生过度影响, 为弥补 UFL 的此种局限性, 其变形奖励收集的设施选址问题 (prize-collecting facility location problem, 简记 PFL) 被提出, 又称 PFL 为带惩罚的设施选址问题 (facility location problem with penalties). 在 PFL 中, 给定设施集合和顾客集合. 开设设施产生开设费用. 连接顾客到设施产生连接费用, 连接费用等于设施与顾客之间的给定距离. 惩罚顾客产生惩罚费用. 目标是开设若干设施, 连接部分顾客到开设的设施上, 惩罚剩余的顾客, 使得设施的开设费用、顾客的连接费用与惩罚费用之和达到最小. Charikar 等 [31] 首次提出 PFL, 并运用原始对偶技巧给出此问题的 3-近似算法. 随后, Jain 等 [7] 通过对偶拟合技巧将近似比改进到 2. Xu 和 Xu [32] 表明线性规划舍入技巧同样适用于求解 PFL, 并给出此问题的 2.736-近似算法. 结合原始对偶和局部搜索技巧, Xu 和 Xu [33] 首次将近似比改进到 2 以下, 给出 PFL 的 1.8526-近似算法. 基于线性规划舍入技巧, Li 等 [34] 给出 PFL 目前最好的 1.514 8-近似算法.

类似地, 奖励收集的 k-中位问题 (prize-collecting k-median problem, 简记 P k-median) 也被提出, 又称 P k-median 为带惩罚的 k-中位问题 (k-median problem with penalties). 在 P k-median 中, 给定设施集合、顾客集合和正整数 k. 连接顾客到设施产生连接费用, 连接费用等于设施与顾客之间的给定距离. 惩罚顾客产生惩罚费用. 目标是开设至多 k 个设施, 连接部分顾客到开设的设施上, 惩罚剩余的顾客, 使得顾客的连接费用与惩罚费用之和达到最小. 受 Jain 和 Vazirani [6]、Charikar 和 Guha [17] 工作的启发, Charikar 等 [31] 给出 P k-median 的首个 4-近似算法. 随后, 基于局部搜索技巧, Hajiaghayi 等 [35] 给出 P k-median 目前最好的 $(3 + \epsilon)$-近似算法. 对顾客惩罚费用一致的特殊情形, Wu 等 [36] 推广 k-median 的 $(1 + \sqrt{3} + \epsilon)$-近似算法到求解惩罚费用一致的 P k-median 上, 得到相同的近似比.

奖励收集的 k-设施选址问题 (prize-collecting k-facility location problem, 简记 P k-FL) 是 k-FL 的奖励收集变形, 又称 P k-FL 为带惩罚的 k-设施选址问题 (k-facility location problem with penalties). 在 P k-FL 中, 给定设施集合、顾客集合和正整数 k. 开设设施产生开设费用. 连接顾客到设施产生连接费用, 连接费用等于设施与顾客之间的给定距离. 惩罚顾客产生惩罚费用. 目标是开设至多 k 个设施, 连接部分顾客到开设的设施上, 惩罚剩余的顾客, 使得设施的开设费用、顾客的连接费用与惩罚费用之和达到最小. Wang 等 [37] 运用局部搜索技巧给出 P k-FL 目前最好的 $(2 + \sqrt{3} + \epsilon)$-近似算法.

1.2.4　带容量约束的变形

由于 UFL、k-median 和 k-center 带容量约束的变形的传统的线性规划松弛的整数间隙均是无穷的, 若直接基于传统的线性规划松弛来进行算法设计, 无法得到常数近似算法.

当对 UFL 中每个开设设施上所连接的顾客个数有上界限制时, 可得到带容量约束的设施选址问题 (capacitated facility location problem, 简记 CFL). 在 CFL 中, 给定设施集合和顾客集合. 对任意的设施, 给定其非负容量. 开设设施产生开设费用. 连接顾客到设施产生连接费用, 连接费用等于设施与顾客之间的给定距离. 目标是开设若干设施, 连接每个顾客到某个开设的设施上, 使得每个开设设施上所连接的顾客个数不超过其容量, 设施的开设费用与顾客的连接费用之和达到最小. 对 CFL, 称其需满足的每个开设设施上所连接的顾客个数不超过设施容量的要求为容量约束. Pál 等[38] 给出 CFL 的首个常数近似算法, 近似比为 $8.53+\epsilon$. 随后, Mahdian 和 Pál[39] 和 Zhang 等[40] 分别将近似比改进到 $7.88+\epsilon$ 和 $3+2\sqrt{2}+\epsilon$. Bansal 等[41] 给出 CFL 目前最好的 5-近似算法. 以上结果均是基于局部搜索技巧提出的. An 等[42] 构造新的线性规划松弛, 使得其整数间隙为常数, 从而给出 CFL 的首个基于线性规划的近似算法, 近似比为 288. 对容量一致的特殊情形, 现有结果均基于局部搜索技巧给出. Korupolu 等[11] 给出首个 $(8+\epsilon)$-近似算法. 随后, Chudak 和 Williamson[43] 将近似比改进到 $6(1+\epsilon)$. Aggarwal 等[44] 给出目前最好的 3-近似算法.

若在 k-median 的基础上增加容量约束, 可得到带容量约束的 k-中位问题 (capacitated k-median problem, 简记 C k-median). 在 C k-median 中, 给定设施集合、顾客集合和正整数 k. 对任意的设施, 给定其非负容量. 连接顾客到设施产生连接费用, 连接费用等于设施与顾客之间的给定距离. 目标是开设至多 k 个设施, 连接每个顾客到某个开设的设施上, 使得每个开设设施上所连接的顾客个数不超过其容量, 所有顾客的连接费用之和达到最小. 对 C k-median, 称其需满足的每个开设设施上所连接的顾客个数不超过设施容量的要求为容量约束. 由于 C k-median 既要满足基数约束又要满足容量约束, 其求解难度远远大于 CFL, 现有结果多数为双标准近似算法. 双标准近似算法是指在违反任意某种约束的前提下, 能给出有质量保证的解的多项式时间算法. Li[45] 和 Demirci 和 Li[46] 分别给出违反基数约束和容量约束 ϵ 倍的双标准近似算法. Adamczyk 等[47] 提出 C k-median 的 FPT (fixed parameter tractable) 近似算法, 近似比为 $(7+\epsilon)$, 算法所得解不会违反任何约束, 但其时间复杂度是关于输入 k 的指数量级, 为 $2^{O(k\log k)}n^{O(1)}$. 随后, Cohen-Addad 和 Li[48] 给出改进的 $(3+\epsilon)$-近似算法, 算法时间复杂度为 $f(\epsilon,k)n^{O(1)}$. 对容量一致的特殊情形, Korupolu 等[11] 和 Li[49] 分别给出违反基数约束和容量约束的双标准近似算法.

若在 k-center 的基础上增加容量约束, 可得到带容量约束的 k-中心问题 (capacitated k-center problem, 简记 C k-center). 在 C k-center 中, 给定顶点集合和正整数 k. 对任意的顶点, 给定其非负容量. 连接两个顶点产生连接费用, 连接费用等于两个顶点之间的给定距离. 目标是选取至多 k 个顶点作为中心, 连接每个顶点到某个中心上, 使得每个选取中心上所连接的顶点个数不超过其容量, 所有顶点的连接费用中最大的连接费用达到最小. 对 C k-center, 称其需满足的每个选取中心上所连接的顶点个数不超过中心容量的要求为容量约束. 基于线性规划舍入技巧, Cygan 等[50] 提出 C k-center 的首个常数近似算法. 随后, An 等[51] 给出 C k-center 目前最好的 9-近似算法. 对容量一致的特殊情形, Bar-Ilan 等[52] 给出首个 10-近似算法. 随后, Khuller 和 Sussmann [53] 将近似比改进到 6.

1.2.5　带下界约束的变形

当要求 UFL 中每个开设设施上所连接的顾客个数必须达到某个特定数量时, 可得到带下界约束的设施选址问题 (lower-bounded facility location problem, 简记 LBFL). 在 LBFL 中, 给定设施集合、顾客集合和非负下界 L. 开设设施产生开设费用. 连接顾客到设施产生连接费用, 连接费用等于设施与顾客之间的给定距离. 目标是开设若干设施, 连接每个顾客到某个开设的设施上, 使得每个开设设施上所连接的顾客个数至少为 L, 设施的开设费用与顾客的连接费用之和达到最小. Guha 等 [54]、Karger 和 Minkoff [55] 同时给出 LBFL 的双标准近似算法, 算法所得解近似满足下界约束. 基于线性规划舍入技巧, Friggstad 等 [56] 同样给出 LBFL 的双标准近似算法. Svitkina [57] 通过将 LBFL 归约为 CFL, 得到首个常数近似算法, 近似比为 488. Ahmadian 和 Swamy [58] 同样给出基于归约过程的近似算法, 将近似比改进到 82.6. 对 LBFL 中每个设施的给定下界是不一致的情形, 称其为广义的带下界约束的设施选址问题 (general lower-bounded facility location problem, 简记 GLBFL). Li [59] 通过构造更复杂的归约过程, 给出 GLBFL 的首个常数近似算法, 近似比为 4 000. 此外, Han 等 [60] 提出带下界约束的连通设施选址问题 (lower-bounded connected facility location problem, 简记 LB ConFL), 对其下界一致和不一致的情形, 均给出相应的近似算法.

当要求 k-median 中每个开设设施上所连接的顾客个数必须达到某个特定数量时, 可得到带下界约束的 k-中位问题 (lower-bounded k-median problem, 简记 LB k-median). 在 LB k-median 中, 给定设施集合、顾客集合、正整数 k 和非负下界 L. 连接顾客到设施产生连接费用, 连接费用等于设施与顾客之间的给定距离. 目标是开设至多 k 个设施, 连接每个顾客到某个开设的设施上, 使得每个开设设施上所连接的顾客个数至少为 L, 所有顾客的连接费用之和达到最小. Han 等 [61] 给出 LB k-median 的双标准近似算法, 算法所得解满足基数约束, 并且近似满足下界约束. Han 等 [62] 通过将 LB k-median 归约为具有结构的带下界约束的设施选址问题 (structured lower-bounded facility location problem, 简记 SLBFL), 给出 LB k-median 的 610-近似算法, 并且考虑将求解 LB k-median 时需满足的基数约束和下界约束分开处理, 可得到改进的 386-近似算法. Wu 等 [63] 同样给出基于归约过程的近似算法, 近似比为 516. Arutyunova 和 Schmidt [64] 给出 LB k-median 目前最好的 168-近似算法. 对 LB k-median 中每个设施的给定下界是不一致的情形, 称其为广义的带下界约束的 k-中位问题 (general lower-bounded k-median problem, 简记 GLB k-median). Han 等 [61] 也给出 GLB k-median 的双标准近似算法, 算法所得解满足基数约束, 并且近似满足下界约束. Arutyunova 和 Schmidt [64] 给出 GLB k-median 的常数近似算法, 并提出带弱下界约束的 k-中位问题 (weakly lower-bounded k-median problem, 简记 WLB k-median). 此外, 采用 Li [59] 求解 GLBFL 的算法思路也可得到 GLB k-median 的常数近似算法.

类似地, 当要求 k-center 中每个选取中心上所连接的顶点个数必须达到某个特定数量时, 可得到带下界约束的 k-中心问题 (lower-bounded k-center problem, 简记 LB k-center), 又称 LB k-center 为 (k, r)-中心问题. 在 LB k-center 中, 给定顶点集合、正整数 k 和非负下界 r. 连接两个顶点产生连接费用, 连接费用等于两个顶点之间的给定距离. 目标是选取至多 k 个顶点作为中心, 连接每个顶点到某个中心上, 使得每个选取中心上所连接的顶点个数至少为 r, 所有顶点的连接费用中最大的连接费用达到最小. 采用 Arutyunova 和 Schmidt [64] 求解 LB k-median 的算法思路, 可得到 LB k-center 的 6-近似算法. Aggarwal 等 [65] 通过构造并求解运输网络, 给出 LB k-center 的 2-近似算法.

若在 LB k-center 的基础上去除基数约束, 可得到最小最大 r-聚集问题 (min-max r-gather problem, 简记 MM r-gather). Armon [66] 和 Aggarwal 等 [65] 均给出 MM r-gather 的近似算法, 近似比分别为 3 和 2. 当 MM r-gather 的目标变为极小化所有顶点的连接费用之和时, 可得到最小求和 r-聚集问题 (min-sum r-gather problem, 简记 MS r-gather). Armon [66] 给出 MS r-gather 的 $2r$-近似算法, 其中 r 是问题的下界输入.

第 2 章　带下界约束的 k-中位问题

本章主要介绍带下界约束的 k-中位问题 (lower-bounded k-median problem, 简记 LB k-median) 的近似算法. 2.1 节给出问题的数学描述以及问题的整数规划. 2.2~2.4 节介绍用于求解此问题的几种近似算法. 2.2 节介绍双标准近似算法, 算法所得解近似满足下界要求, 该节的算法与分析取材于文献 [61]. 2.3 节介绍基于归约过程的近似算法, 近似比为 610, 该节的算法与分析取材于文献 [62]. 2.4 节介绍基于组合结构的近似算法, 得到改进的近似比, 该节的算法与分析取材于文献 [62] 和 [64].

2.1　问 题 介 绍

本节给出 LB k-median 的具体问题描述. 在 LB k-median 的实例 $\mathcal{I}_{\mathrm{Lkm}}$ 中, 给定设施集合 $\mathcal{F}$、顾客集合 $\mathcal{D}$、正整数 k 和非负下界 L. 对任意的 $i, j \in \mathcal{F} \cup \mathcal{D}$, 给定距离 d_{ij}. 假设距离是度量的, 即距离满足以下要求:

- 非负性: 对任意的 $i, j \in \mathcal{F} \cup \mathcal{D}$, 距离 $d_{ij} \geqslant 0$;
- 对称性: 对任意的 $i, j \in \mathcal{F} \cup \mathcal{D}$, 距离 $d_{ii} = 0, d_{ij} = d_{ji}$;
- 三角不等式: 对任意的 $h, i, j \in \mathcal{F} \cup \mathcal{D}$, 距离 $d_{ij} \leqslant d_{ih} + d_{hj}$.

连接顾客 $j \in \mathcal{D}$ 到设施 $i \in \mathcal{F}$ 产生连接费用 c_{ij}, 连接费用等于设施 i 与顾客 j 之间的距离 d_{ij}. 目标是开设若干设施, 连接每个顾客到某个开设的设施上, 使得

- 基数约束被满足: 开设设施的个数不超过 k 个;
- 下界约束被满足: 每个开设设施上所连接的顾客个数至少为 L 个;
- 所有顾客的连接费用之和达到最小.

在给出 LB k-median 的整数规划之前, 需要引入两类 0-1 变量 ($\{x_{ij}\}_{i \in \mathcal{F}, j \in \mathcal{D}}$, $\{y_i\}_{i \in \mathcal{F}}$) 来进行问题刻画.

- 变量 x_{ij} 刻画顾客 j 是否连接到设施 i 上, 取 1 表示连接, 取 0 表示未连接;
- 变量 y_i 刻画设施 i 是否被开设, 取 1 表示开设, 取 0 表示未开设.

下面给出 LB k-median 的整数规划:

$$\min \quad \sum_{i\in\mathcal{F}}\sum_{j\in\mathcal{D}} c_{ij}x_{ij} \tag{2.1.1}$$

$$\text{s. t.} \quad \sum_{i\in\mathcal{F}} x_{ij} = 1, \qquad\qquad \forall j\in\mathcal{D}, \tag{2.1.2}$$

$$x_{ij} \leqslant y_i, \qquad\qquad \forall i\in\mathcal{F}, j\in\mathcal{D}, \tag{2.1.3}$$

$$\sum_{j\in\mathcal{D}} x_{ij} \geqslant Ly_i, \qquad\qquad \forall i\in\mathcal{F}, \tag{2.1.4}$$

$$\sum_{i\in\mathcal{F}} y_i \leqslant k, \qquad\qquad \tag{2.1.5}$$

$$x_{ij} \in \{0,1\}, \qquad\qquad \forall i\in\mathcal{F}, j\in\mathcal{D}, \tag{2.1.6}$$

$$y_i \in \{0,1\}, \qquad\qquad \forall i\in\mathcal{F}. \tag{2.1.7}$$

在规划 (2.1.1)~(2.1.7) 中, 目标函数 (2.1.1) 是所有顾客的连接费用之和; 约束 (2.1.2) 保证每个顾客 j 都要连接到某个设施上; 约束 (2.1.3) 保证如果存在某个顾客 j 连接到设施 i 上, 那么设施 i 一定要被开设; 约束 (2.1.4) 保证每个开设设施 i 上所连接的顾客个数至少为 L 个 (即满足下界约束); 约束 (2.1.5) 保证开设设施的个数不超过 k 个 (即满足基数约束).

2.2 双标准近似算法

本节介绍 LB k-median 的双标准近似算法. 首先, 介绍 k-设施选址问题 (k-facility location problem, 简记 k-FL), 求解此问题是双标准近似算法中的重要步骤.

在 k-FL 的实例 $\mathcal{I}_{kF}$ 中, 给定设施集合 $\mathcal{F}$、顾客集合 $\mathcal{D}$ 和正整数 k. 对任意的 $i, j \in \mathcal{F} \cup \mathcal{D}$, 给定距离 d_{ij}. 假设距离是度量的. 开设设施 $i \in \mathcal{F}$ 产生开设费用 f_i. 连接顾客 $j \in \mathcal{D}$ 到设施 $i \in \mathcal{F}$ 产生连接费用 c_{ij}, 连接费用等于设施 i 与顾客 j 之间的距离 d_{ij}. 目标是开设至多 k 个设施, 连接每个顾客到某个开设的设施上, 使得设施的开设费用与顾客的连接费用之和达到最小.

在给出 k-FL 的整数规划之前, 同样需要引入两类 0-1 变量 ($\{x_{ij}\}_{i\in\mathcal{F}, j\in\mathcal{D}}$, $\{y_i\}_{i\in\mathcal{F}}$) 来进行问题刻画. 变量 x_{ij} 刻画顾客 j 是否连接到设施 i 上, 取 1 表示

连接, 取 0 表示未连接; 变量 y_i 刻画设施 i 是否被开设, 取 1 表示开设, 取 0 表示未开设. 下面给出 k-FL 的整数规划:

$$\min \quad \sum_{i \in \mathcal{F}} f_i y_i + \sum_{i \in \mathcal{F}} \sum_{j \in \mathcal{D}} c_{ij} x_{ij} \tag{2.2.1}$$

$$\text{s. t.} \quad \sum_{i \in \mathcal{F}} x_{ij} = 1, \qquad \forall j \in \mathcal{D}, \tag{2.2.2}$$

$$x_{ij} \leqslant y_i, \qquad \forall i \in \mathcal{F}, j \in \mathcal{D}, \tag{2.2.3}$$

$$\sum_{i \in \mathcal{F}} y_i \leqslant k, \tag{2.2.4}$$

$$x_{ij} \in \{0, 1\}, \qquad \forall i \in \mathcal{F}, j \in \mathcal{D}, \tag{2.2.5}$$

$$y_i \in \{0, 1\}, \qquad \forall i \in \mathcal{F}. \tag{2.2.6}$$

规划 (2.2.1)~(2.2.6) 与 LB k-median 的整数规划 (2.1.1)~(2.1.7) 相比, 目标函数上增加了设施的开设费用之和, 约束上减少了下界约束.

对于 LB k-median 和 k-FL, 以下引理成立.

引理 2.2.1　由规划 (2.1.1)~(2.1.7) 和 (2.2.1)~(2.2.6) 可看出, 当给定的 LB k-median 和 k-FL 实例中设施集合 $\mathcal{F}$、顾客集合 $\mathcal{D}$ 和正整数 k 这三项输入相同时, 任意 LB k-median 实例的可行解也是 k-FL 实例的可行解.

引理 2.2.2　当 k-FL 实例中开设设施已确定, 每个顾客都会连接到开设设施中与其之间连接费用最小的设施上, 即连接到开设设施中距离其最近的设施上.

在介绍 LB k-median 的双标准近似算法之前, 给出以下定义. 对任意的设施 $i \in \mathcal{F}$, 用 $\mathcal{D}_i$ 表示距离设施 i 最近的 L 个顾客, 也就是与设施 i 之间连接费用最小的 L 个顾客. 用二元组 (S, σ) 表示 LB k-median 实例 $\mathcal{I}_{Lkm}$ 及其相关问题实例的解, 其中 $S \subseteq \mathcal{F}$ 表示解中开设设施集合, 指派 $\sigma: \mathcal{D} \to S$ 表示顾客集合 $\mathcal{D}$ 中顾客到开设设施集合 S 的连接情况. 对任意的顾客 $j \in \mathcal{D}$, 用 $\sigma(j)$ 表示顾客 j 在指派 σ 下所连接到的设施.

算法 1 给出 LB k-median 的双标准近似算法, 算法主要分为三个步骤. 首先, 选取参数 $\alpha \in (0, 1)$. 根据参数 α, 基于给定的 LB k-median 实例 $\mathcal{I}_{Lkm}$ 构造出相应的 k-FL 实例 $\mathcal{I}_{kF}$. 然后, 调用 k-FL 目前最好的近似算法来求解实例 $\mathcal{I}_{kF}$, 得到解 (S_{mid}, σ_{mid}). 虽然解 (S_{mid}, σ_{mid}) 并不是实例 $\mathcal{I}_{Lkm}$ 的双标准近似解, 但是可在其基础上进行设施的关闭以及顾客的改连, 从而得到最终的双标准近似解.

算法 1　LB k-median 的双标准近似算法

输入: LB k-median 实例 $\mathcal{I}_{Lkm} = (\mathcal{F}, \mathcal{D}, k, L, \{c_{ij}\}_{i\in\mathcal{F}, j\in\mathcal{D}})$.

输出: 实例 $\mathcal{I}_{Lkm}$ 的双标准近似解 (S_{bi}, σ_{bi}).

步 1 基于 LB k-median 实例 $\mathcal{I}_{Lkm}$ 构造 k-FL 实例 $\mathcal{I}_{kF}$.

选取参数 $\alpha \in (0, 1)$. 对 LB k-median 实例 $\mathcal{I}_{Lkm}$, 去除下界输入 L, 对任意的设施 $i \in \mathcal{F}$, 定义开设费用为

$$f_i := \frac{2\alpha}{1-\alpha} \sum_{j \in \mathcal{D}_i} c_{ij},$$

得到 k-FL 实例 $\mathcal{I}_{kF} = (\mathcal{F}, \mathcal{D}, k, \{f_i\}_{i\in\mathcal{F}}, \{c_{ij}\}_{i\in\mathcal{F}, j\in\mathcal{D}})$.

步 2 求解 k-FL 实例 $\mathcal{I}_{kF}$ 得到解 (S_{mid}, σ_{mid}).

调用 k-FL 目前最好的 ρ-近似算法求解实例 $\mathcal{I}_{kF}$, 得到实例 $\mathcal{I}_{kF}$ 的可行解 (S_{mid}, σ_{mid}), 其中 $\rho = 2 + \sqrt{3} + \epsilon$ (参见文献 [25]).

步 3 构造 LB k-median 实例 $\mathcal{I}_{Lkm}$ 的双标准近似解 (S_{bi}, σ_{bi}).

步 3.1 初始化.

令 $S_{bi} := S_{mid}$. 对任意的顾客 $j \in \mathcal{D}$, 令 $\sigma_{bi}(j) := \sigma_{mid}(j)$. 对任意的设施 $i \in \mathcal{F}$, 定义 $T_i := \{j \in \mathcal{D} : \sigma_{bi}(j) = i\}$. 令 $n_i := |T_i|$. 定义 $S_{re} := \{i \in S_{bi} : n_i < \alpha L\}$.

步 3.2 关闭设施并重新连接顾客.

当 $S_{re} \neq \varnothing$ 时

任意选取 S_{re} 中的某个设施 i 进行关闭. 对任意的顾客 $j \in T_i$, 将其改连到 $S_{bi} \backslash \{i\}$ 中与其距离最近的设施 i_{clo} 上, 并更新 $\sigma_{bi}(j) := i_{clo}$. 更新 $S_{bi} := S_{bi} \backslash \{i\}$. 对任意的设施 $i \in \mathcal{F}$, 更新 T_i 和 n_i. 更新 S_{re}.

输出 双标准近似解 (S_{bi}, σ_{bi}).

用二元组 (S^*, σ^*) 表示 LB k-median 实例 $\mathcal{I}_{Lkm}$ 的最优解, 其中 $S^* \subseteq \mathcal{F}$ 表示最优解中开设设施集合, 指派 $\sigma^* : \mathcal{D} \to S^*$ 表示顾客集合 $\mathcal{D}$ 中顾客到最优开设设施集合 S^* 的连接情况. 对任意的顾客 $j \in \mathcal{D}$, 用 $\sigma^*(j)$ 表示顾客 j 在指派 σ^* 下

所连接到的设施. 用 $\mathrm{OPT}_{\mathrm{L}km}$ 表示 LB k-median 实例 $\mathcal{I}_{\mathrm{L}km}$ 的最优解目标值, 即

$$\mathrm{OPT}_{\mathrm{L}km} = \sum_{j \in \mathcal{D}} c_{\sigma^*(j)j}.$$

类似地, 用 $\mathrm{OPT}_{k\mathrm{F}}$ 表示 k-FL 实例 $\mathcal{I}_{k\mathrm{F}}$ 的最优解目标值.

下面的定理给出算法 1 的主要结论.

定理 2.2.3　算法 1 是 LB k-median 的双标准近似算法. 对任意的 LB k-median 实例 $\mathcal{I}_{\mathrm{L}km}$, 算法输出双标准近似解 $(S_{\mathrm{bi}}, \sigma_{\mathrm{bi}})$, 即 $(S_{\mathrm{bi}}, \sigma_{\mathrm{bi}})$ 满足

$$|S_{\mathrm{bi}}| \leqslant k,$$

且对任意的设施 $i \in S_{\mathrm{bi}}$ 有

$$|\{j \in \mathcal{D} : \sigma_{\mathrm{bi}}(j) = i\}| \geqslant \alpha L.$$

同时, 双标准近似解 $(S_{\mathrm{bi}}, \sigma_{\mathrm{bi}})$ 的目标值不超过实例 $\mathcal{I}_{\mathrm{L}km}$ 最优解目标值的 $\dfrac{1+\alpha}{1-\alpha}\rho$ 倍, 即

$$\sum_{j \in \mathcal{D}} c_{\sigma_{\mathrm{bi}}(j)j} \leqslant \frac{1+\alpha}{1-\alpha}\rho \cdot \mathrm{OPT}_{\mathrm{L}km},$$

其中 $\alpha \in (0,1)$, $\rho = 2 + \sqrt{3} + \epsilon$.

不难看出, 算法 1 步 2 保证了所得解满足基数约束. 算法 1 步 3 结束时, 对任意的设施 $i \in S_{\mathrm{bi}}$, 均有

$$|\{j \in \mathcal{D} : \sigma_{\mathrm{bi}}(j) = i\}| = n_i \geqslant \alpha L.$$

故步 3 保证了所得解近似满足下界约束. 下面将关注算法 1 的近似比分析. 为证明定理 2.2.3 中的近似比, 需要以下引理.

引理 2.2.4　对 k-FL 实例 $\mathcal{I}_{k\mathrm{F}}$ 的可行解 $(S_{\mathrm{mid}}, \sigma_{\mathrm{mid}})$, 其目标值不超过 LB k-median 实例 $\mathcal{I}_{\mathrm{L}km}$ 最优解目标值的 $\dfrac{1+\alpha}{1-\alpha}\rho$ 倍, 即

$$\sum_{i \in S_{\mathrm{mid}}} f_i + \sum_{j \in \mathcal{D}} c_{\sigma_{\mathrm{mid}}(j)j} \leqslant \frac{1+\alpha}{1-\alpha}\rho \cdot \mathrm{OPT}_{\mathrm{L}km},$$

其中 $\alpha \in (0,1)$, $\rho = 2 + \sqrt{3} + \epsilon$.

证明　由引理 2.2.1, 可知 LB k-median 实例 $\mathcal{I}_{\mathrm{L}km}$ 的最优解 (S^*, σ^*) 是 k-FL 实例 $\mathcal{I}_{k\mathrm{F}}$ 的可行解. 因此,

$$\mathrm{OPT}_{k\mathrm{F}} \leqslant \sum_{i \in S^*} f_i + \sum_{j \in \mathcal{D}} c_{\sigma^*(j)j}. \tag{2.2.7}$$

解 (S^*, σ^*) 在 k-FL 实例 $\mathcal{I}_{kF}$ 下的总开设费用为

$$\sum_{i \in S^*} f_i = \sum_{i \in S^*} \left(\frac{2\alpha}{1-\alpha} \sum_{j \in \mathcal{D}_i} c_{ij} \right) = \frac{2\alpha}{1-\alpha} \sum_{i \in S^*} \sum_{j \in \mathcal{D}_i} c_{ij}.$$

由 $\mathcal{D}_i$ 的定义, 以及任意的设施 $i \in S^*$ 在最优解 (S^*, σ^*) 中一定至少连接 L 个顾客, 可令费用 $\sum_{j \in \mathcal{D}_i} c_{ij}$ 作为最优解 (S^*, σ^*) 中连接到设施 $i \in S^*$ 的顾客的总连接费用的下界. 因此, 解 (S^*, σ^*) 在实例 $\mathcal{I}_{kF}$ 下的总开设费用满足

$$\begin{aligned}
\sum_{i \in S^*} f_i &\leqslant \frac{2\alpha}{1-\alpha} \sum_{i \in S^*} \sum_{j \in \mathcal{D}:\sigma^*(j)=i} c_{ij} \\
&= \frac{2\alpha}{1-\alpha} \sum_{j \in \mathcal{D}} c_{\sigma^*(j)j} \\
&= \frac{2\alpha}{1-\alpha} \text{OPT}_{\text{L}km}.
\end{aligned} \tag{2.2.8}$$

解 (S^*, σ^*) 在实例 $\mathcal{I}_{kF}$ 下的总连接费用满足

$$\sum_{j \in \mathcal{D}} c_{\sigma^*(j)j} = \text{OPT}_{\text{L}km}. \tag{2.2.9}$$

结合不等式 (2.2.7)~(2.2.9), 可得到

$$\text{OPT}_{kF} \leqslant \left(\frac{2\alpha}{1-\alpha} + 1 \right) \cdot \text{OPT}_{\text{L}km} = \frac{1+\alpha}{1-\alpha} \cdot \text{OPT}_{\text{L}km}. \tag{2.2.10}$$

由算法 1 步 2, 可得到

$$\sum_{i \in S_{\text{mid}}} f_i + \sum_{j \in \mathcal{D}} c_{\sigma_{\text{mid}}(j)j} \leqslant \rho \cdot \text{OPT}_{kF}. \tag{2.2.11}$$

结合不等式 (2.2.10) 和 (2.2.11), 可得到

$$\sum_{i \in S_{\text{mid}}} f_i + \sum_{j \in \mathcal{D}} c_{\sigma_{\text{mid}}(j)j} \leqslant \rho \frac{1+\alpha}{1-\alpha} \cdot \text{OPT}_{\text{L}km},$$

本引理得证. $\quad\square$

引理 2.2.5 对 LB k-median 实例 $\mathcal{I}_{\text{L}km}$ 的算法所得双标准近似解 $(S_{\text{bi}}, \sigma_{\text{bi}})$, 其目标值不超过 k-FL 实例 $\mathcal{I}_{kF}$ 的可行解 $(S_{\text{mid}}, \sigma_{\text{mid}})$ 的目标值, 即

$$\sum_{j \in \mathcal{D}} c_{\sigma_{\text{bi}}(j)j} \leqslant \sum_{i \in S_{\text{mid}}} f_i + \sum_{j \in \mathcal{D}} c_{\sigma_{\text{mid}}(j)j}.$$

证明 证明此引理等价于证明不等式

$$\sum_{j \in \mathcal{D}} \left(c_{\sigma_{\mathrm{bi}}(j)j} - c_{\sigma_{\mathrm{mid}}(j)j} \right) \leqslant \sum_{i \in S_{\mathrm{mid}}} f_i. \tag{2.2.12}$$

由算法 1 步 3.2, 定义被关闭设施集合为 $S_{\mathrm{clo}} := S_{\mathrm{mid}} \setminus S_{\mathrm{bi}}$, 改连顾客集合为 $\mathcal{D}_{\mathrm{recon}} := \{ j \in \mathcal{D} : \sigma_{\mathrm{mid}}(j) \in S_{\mathrm{clo}} \}$. 对于任意的顾客 $j \in \mathcal{D} \setminus \mathcal{D}_{\mathrm{recon}}$, 总有 $\sigma_{\mathrm{bi}}(j) = \sigma_{\mathrm{mid}}(j)$. 因此, 证明不等式 (2.2.12) 等价于证明不等式

$$\sum_{j \in \mathcal{D}_{\mathrm{recon}}} \left(c_{\sigma_{\mathrm{bi}}(j)j} - c_{\sigma_{\mathrm{mid}}(j)j} \right) \leqslant \sum_{i \in S_{\mathrm{mid}}} f_i. \tag{2.2.13}$$

以上不等式说明算法 1 中改连顾客所产生的连接费用变化不超过解 $(S_{\mathrm{mid}}, \sigma_{\mathrm{mid}})$ 在实例 $\mathcal{I}_{k\mathrm{F}}$ 下的总开设费用.

下面证明不等式 (2.2.13). 当 S_{clo} 中某个设施关闭时, 某些 $\mathcal{D}_{\mathrm{recon}}$ 中的顾客需要被改连. 对任意的设施 $i \in S_{\mathrm{clo}}$, 用 T_i^{rc} 表示因设施 i 关闭而改连的顾客. 用 $\mathrm{cost}(T_i^{\mathrm{rc}})$ 表示改连 T_i^{rc} 中顾客所产生的连接费用变化. 因此, 可得到

$$\sum_{j \in \mathcal{D}_{\mathrm{recon}}} \left(c_{\sigma_{\mathrm{bi}}(j)j} - c_{\sigma_{\mathrm{mid}}(j)j} \right) \leqslant \sum_{i \in S_{\mathrm{clo}}} \mathrm{cost}(T_i^{\mathrm{rc}}). \tag{2.2.14}$$

由于对任意的设施 $i \in S_{\mathrm{clo}}$ 有 $|T_i^{\mathrm{rc}}| < \alpha L$, 因此

$$|\mathcal{D}_i \setminus T_i^{\mathrm{rc}}| > L - \alpha L = (1 - \alpha)L.$$

所以, 一定存在某个顾客 $j \in \mathcal{D}_i \setminus T_i^{\mathrm{rc}}$ 满足

$$c_{ij} \leqslant \frac{\sum\limits_{j \in \mathcal{D}_i} c_{ij}}{|\mathcal{D}_i \setminus T_i^{\mathrm{rc}}|} \leqslant \frac{\sum\limits_{j \in \mathcal{D}_i} c_{ij}}{(1 - \alpha)L}.$$

假设当设施 i 关闭时, 顾客 j 与设施 i' 相连. 由引理 2.2.2 和算法 1 步 3.2, 可得到 $c_{i'j} \leqslant c_{ij}$. 因此, 对任意的顾客 $j' \in T_i^{\mathrm{rc}}$, 其改连所产生的连接费用变化至多为

$$c_{ij} + c_{i'j} \leqslant 2c_{ij} \leqslant \frac{2\sum\limits_{j \in \mathcal{D}_i} c_{ij}}{(1 - \alpha)L}.$$

所有 T_i^{rc} 中顾客改连所产生的连接费用变化满足

$$\mathrm{cost}(T_i^{\mathrm{rc}}) \leqslant |T_i^{\mathrm{rc}}| \cdot \frac{2\sum\limits_{j \in \mathcal{D}_i} c_{ij}}{(1 - \alpha)L} \leqslant \alpha L \cdot \frac{2\sum\limits_{j \in \mathcal{D}_i} c_{ij}}{(1 - \alpha)L} = \frac{2\alpha}{1 - \alpha} \sum_{j \in \mathcal{D}_i} c_{ij}.$$

因此, 可得到

$$\sum_{i \in S_{\text{clo}}} \text{cost}(T_i^{\text{rc}}) \leqslant \sum_{i \in S_{\text{clo}}} \frac{2\alpha}{1-\alpha} \sum_{j \in \mathcal{D}_i} c_{ij} \leqslant \sum_{i \in S_{\text{clo}}} f_i. \tag{2.2.15}$$

由 $S_{\text{clo}} \subseteq S_{\text{mid}}$, 以及不等式 (2.2.14) 和 (2.2.15), 可得到

$$\sum_{j \in \mathcal{D}_{\text{recon}}} \left(c_{\sigma(j)_{\text{bi}}j} - c_{\sigma_{\text{mid}}(j)j} \right) \leqslant \sum_{i \in S_{\text{clo}}} \text{cost}(T_i^{\text{rc}}) \leqslant \sum_{i \in S_{\text{clo}}} f_i \leqslant \sum_{i \in S_{\text{mid}}} f_i,$$

不等式 (2.2.13) 得证, 本引理得证. □

结合引理 2.2.4 和 2.2.5, 定理 2.2.3 中的近似比得证.

2.3 基于归约过程的近似算法

本节介绍 LB k-median 的常数近似算法, 算法所得解既满足基数约束又满足下界约束, 近似比为 610. 算法的主要思路基于归约过程, 将求解 LB k-median 归约为求解具有结构的带下界约束的设施选址问题 (structured lower-bounded facility location problem, 简记 SLBFL), 本质上就是求解结构更特殊的带下界约束的设施选址问题 (lower-bounded facility location problem, 简记 LBFL).

首先, 给出 LBFL 的具体描述. 在 LBFL 的实例 $\mathcal{I}_{\text{LF}}$ 中, 给定设施集合 $\mathcal{F}$、顾客集合 $\mathcal{D}$ 和非负下界 L. 对任意的 $i, j \in \mathcal{F} \cup \mathcal{D}$, 给定距离 d_{ij}. 假设距离是度量的. 开设设施 $i \in \mathcal{F}$ 产生开设费用 f_i. 连接顾客 $j \in \mathcal{D}$ 到设施 $i \in \mathcal{F}$ 产生连接费用 c_{ij}, 连接费用等于设施 i 与顾客 j 之间的距离 d_{ij}. 目标是开设若干设施, 连接每个顾客到某个开设的设施上, 使得每个开设设施上所连接的顾客个数至少为 L 个, 同时设施的开设费用与顾客的连接费用之和达到最小.

在给出 LBFL 的整数规划之前, 同样需要引入两类 0-1 变量 ($\{x_{ij}\}_{i \in \mathcal{F}, j \in \mathcal{D}}$, $\{y_i\}_{i \in \mathcal{F}}$) 来进行问题刻画. 变量 x_{ij} 刻画顾客 j 是否连接到设施 i 上, 取 1 表示连接, 取 0 表示未连接; 变量 y_i 刻画设施 i 是否被开设, 取 1 表示开设, 取 0 表示未开设. 下面给出 LBFL 的整数规划:

$$\min \quad \sum_{i \in \mathcal{F}} f_i y_i + \sum_{i \in \mathcal{F}} \sum_{j \in \mathcal{D}} c_{ij} x_{ij} \tag{2.3.1}$$

$$\text{s. t.} \quad \sum_{i \in \mathcal{F}} x_{ij} = 1, \qquad \forall j \in \mathcal{D}, \tag{2.3.2}$$

$$x_{ij} \leqslant y_i, \qquad \forall i \in \mathcal{F}, j \in \mathcal{D}, \tag{2.3.3}$$

$$\sum_{j\in\mathcal{D}} x_{ij} \geqslant L y_i, \qquad\qquad \forall i\in\mathcal{F}, \qquad (2.3.4)$$

$$x_{ij} \in \{0,1\}, \qquad\qquad \forall i\in\mathcal{F}, j\in\mathcal{D}, \qquad (2.3.5)$$

$$y_i \in \{0,1\}, \qquad\qquad \forall i\in\mathcal{F}. \qquad (2.3.6)$$

规划 (2.3.1)~(2.3.6) 与 LB k-median 的整数规划 (2.1.1)~(2.1.7) 相比, 目标函数上增加了设施的开设费用之和, 约束上减少了基数约束.

对于 LB k-median 和 LBFL, 以下引理成立.

引理 2.3.1　由规划 (2.1.1)~(2.1.7) 和 (2.3.1)~(2.3.6) 可看出, 当给定的 LB k-median 和 LBFL 实例中设施集合 $\mathcal{F}$、顾客集合 $\mathcal{D}$ 和下界 L 这三项输入相同时, 任意 LB k-median 实例的可行解也是 LBFL 实例的可行解.

算法 2 给出 LB k-median 的 610-近似算法, 算法主要分为三个步骤. 首先, 调用算法 1 得到给定的 LB k-median 实例 $\mathcal{I}_{\mathrm{L}km}$ 的双标准近似解 $(S_{\mathrm{bi}}, \sigma_{\mathrm{bi}})$. 调用算法 1 时需使得所选取参数 $\alpha \in \left(\frac{1}{2}, 1\right)$. 然后, 基于解 $(S_{\mathrm{bi}}, \sigma_{\mathrm{bi}})$, 构造出新的 LB k-median 实例 $\mathcal{I}_2(\alpha)$. 通过观察可发现新实例 $\mathcal{I}_2(\alpha)$ 也可看作 SLBFL 实例 $\mathcal{I}_{\mathrm{SLF}}$. 最后, 调用 SLBFL 目前最好的近似算法来求解实例 $\mathcal{I}_{\mathrm{SLF}}$, 得到实例 $\mathcal{I}_{\mathrm{SLF}}$ 的可行解 (S, σ), 此解同时也是 LB k-median 实例 $\mathcal{I}_{\mathrm{L}km}$ 的可行解. 值得注意的是, 算法 2 步 3 需调用 SLBFL 目前最好的 $g(\alpha)$-近似算法, 当 $\alpha > \frac{1}{2}$ 时, 有 $g(\alpha) = \frac{2}{\alpha} + \frac{2\alpha}{2\alpha-1} + 2\sqrt{\frac{2}{\alpha^2} + \frac{4}{2\alpha-1}} > 0$. 图 2.1 给出算法 2 步 2 如何基于双标准近似解 $(S_{\mathrm{bi}}, \sigma_{\mathrm{bi}})$ 由实例 $\mathcal{I}_{\mathrm{L}km}$ 构造新的 LB k-median 实例 $\mathcal{I}_2(\alpha)$ 的说明. 图中矩形表示设施, 其下界为 $L = 6$. 点表示顾客. 虚线表示双标准近似解 $(S_{\mathrm{bi}}, \sigma_{\mathrm{bi}})$ 下顾客的连接情况. 开设设施集合 S_{bi} 是虚线所连接到的设施. 通过该图可看出实例 $\mathcal{I}_{\mathrm{L}km}$ 与 $\mathcal{I}_2(\alpha)$ 下顾客与设施之间的连接费用差别.

算法 2　LB k-median 的 610-近似算法

输入: LB k-median 实例 $\mathcal{I}_{\mathrm{L}km} = (\mathcal{F}, \mathcal{D}, k, L, \{c_{ij}\}_{i\in\mathcal{F}, j\in\mathcal{D}})$.

输出: 实例 $\mathcal{I}_{\mathrm{L}km}$ 的可行解 (S, σ).

步 1　求解 LB k-median 实例 $\mathcal{I}_{\mathrm{L}km}$ 得到双标准近似解 $(S_{\mathrm{bi}}, \sigma_{\mathrm{bi}})$.

调用算法 1 来求解 LB k-median 实例 $\mathcal{I}_{\mathrm{L}km}$, 同时保证调用算法时选取的参数 $\alpha \in \left(\dfrac{1}{2}, 1\right)$, 得到实例 $\mathcal{I}_{\mathrm{L}km}$ 的双标准近似解 $(S_{\mathrm{bi}}, \sigma_{\mathrm{bi}})$.

步 2 基于双标准近似解 $(S_{\mathrm{bi}}, \sigma_{\mathrm{bi}})$, 由实例 $\mathcal{I}_{\mathrm{L}km}$ 构造新的 LB k-median 实例 $\mathcal{I}_2(\alpha)$.

基于实例 $\mathcal{I}_{\mathrm{L}km}$ 与其双标准近似解 $(S_{\mathrm{bi}}, \sigma_{\mathrm{bi}})$, 构造新的 LB k-median 实例 $\mathcal{I}_2(\alpha) = (\mathcal{F}_2, \mathcal{D}, k, L, \{c'_{ij}\}_{i \in \mathcal{F}_2, j \in \mathcal{D}})$, 其中 $\mathcal{F}_2 = S_{\mathrm{bi}}$, 对任意的设施 $i \in \mathcal{F}_2$ 和顾客 $j \in \mathcal{D}$ 有 $c'_{ij} = c_{i\sigma_{\mathrm{bi}}(j)}$. 由于

$$|\mathcal{F}_2| = |S_{\mathrm{bi}}| \leqslant k,$$

实例 $\mathcal{I}_2(\alpha)$ 已经满足基数约束, 去除基数输入 k, 对任意的设施 $i \in S_{\mathrm{bi}}$ 定义开设费用为

$$f'_i = 0,$$

得到 SLBFL 实例 $\mathcal{I}_{\mathrm{SLF}} = (S_{\mathrm{bi}}, \mathcal{D}, L, \{f'_i\}_{i \in S_{\mathrm{bi}}}, \{c'_{ij}\}_{i \in S_{\mathrm{bi}}, j \in \mathcal{D}})$.

步 3 求解 SLBFL 实例 $\mathcal{I}_{\mathrm{SLF}}$ 得到 LB k-median 实例 $\mathcal{I}_{\mathrm{L}km}$ 的可行解 (S, σ).

调用 SLBFL 目前最好的 $g(\alpha)$-近似算法求解实例 $\mathcal{I}_{\mathrm{SLF}}$, 得到实例 $\mathcal{I}_{\mathrm{SLF}}$ 的可行解 (S, σ), 其中 $g(\alpha) = \dfrac{2}{\alpha} + \dfrac{2\alpha}{2\alpha - 1} + 2\sqrt{\dfrac{2}{\alpha^2} + \dfrac{4}{2\alpha - 1}}$ (参见文献 [58]).

输出 可行解 (S, σ).

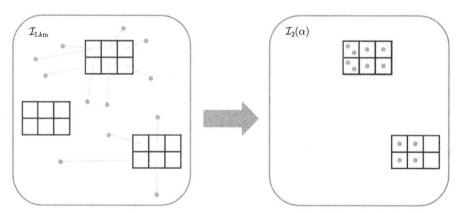

图 2.1　如何由实例 $\mathcal{I}_{\mathrm{L}km}$ 构造实例 $\mathcal{I}_2(\alpha)$ 的说明

仍用二元组 (S^*, σ^*) 表示 LB k-median 实例 $\mathcal{I}_{Lkm}$ 的最优解, 用 OPT_{Lkm} 表示 LB k-median 实例 $\mathcal{I}_{Lkm}$ 的最优解目标值. 类似地, 用 $\mathrm{OPT}_{Lkm}(\alpha)$ 表示新的 LB k-median 实例 $\mathcal{I}_2(\alpha)$ 的最优解目标值; 用 OPT_{SLF} 表示 SLBFL 实例 $\mathcal{I}_{SLF}$ 的最优解目标值. 值得注意的是, LB k-median 实例 $\mathcal{I}_2(\alpha)$ 的最优解目标值与 SLBFL 实例 $\mathcal{I}_{SLF}$ 最优解目标值相等, 即

$$\mathrm{OPT}_{Lkm}(\alpha) = \mathrm{OPT}_{SLF}.$$

下面的定理给出算法 2 的主要结论.

定理 2.3.2　算法 2 是 LB k-median 的常数近似算法. 对任意的 LB k-median 实例 $\mathcal{I}_{Lkm}$, 算法输出可行解 (S, σ), 即 (S, σ) 满足

$$|S| \leqslant k,$$

且对任意的设施 $i \in S$ 有

$$|\{j \in \mathcal{D} : \sigma(j) = i\}| \geqslant L.$$

同时, 可行解 (S, σ) 的目标值不超过实例 $\mathcal{I}_{Lkm}$ 最优解目标值的 610 倍, 即

$$\sum_{j \in \mathcal{D}} c_{\sigma(j)j} \leqslant 610 \cdot \mathrm{OPT}_{Lkm}.$$

不难看出, 算法 2 步 1 保证了所得解满足基数约束, 算法 2 步 3 保证了所得解满足下界约束. 下面将关注算法 2 的近似比分析. 为证明定理 2.3.2 中的近似比, 需要以下引理.

引理 2.3.3　对 SLBFL 实例 $\mathcal{I}_{SLF}$ 的最优解, 其目标值不超过 LB k-median 实例 $\mathcal{I}_{Lkm}$ 最优解目标值的 $2\left(\dfrac{1+\alpha}{1-\alpha}\rho + 1\right)$ 倍, 即

$$\mathrm{OPT}_{SLF} \leqslant 2\left(\frac{1+\alpha}{1-\alpha}\rho + 1\right) \cdot \mathrm{OPT}_{Lkm},$$

其中 $\alpha \in \left(\dfrac{1}{2}, 1\right)$, $\rho = 2 + \sqrt{3} + \epsilon$.

证明 可用以下方法由 LB k-median 实例 $\mathcal{I}_{Lkm}$ 的最优解 (S^*, σ^*) 构造出 SLBFL 实例 $\mathcal{I}_{SLF}$ 的可行解 (S', σ'). 首先将顾客集合 $\mathcal{D}$ 划分为两个集合 $\mathcal{D}_1$ 和 $\mathcal{D}_2$, 其中

$$\mathcal{D}_1 := \{j \in \mathcal{D} : \sigma^*(j) \in S^* \cap S_{\mathrm{bi}}\},$$

$$\mathcal{D}_2 := \{j \in \mathcal{D} : \sigma^*(j) \in S^* \setminus S_{\mathrm{bi}}\}.$$

对任意的顾客 $j \in \mathcal{D}_1$, 定义 $\sigma'(j) := \sigma^*(j)$. 对任意的顾客 $j \in \mathcal{D}_2$, 定义 $\sigma'(j) := i'(j)$, 其中 $i'(j)$ 是 S_{bi} 中与 $\sigma^*(j)$ 距离最近的设施. 定义

$$S' := (S^* \cap S_{\mathrm{bi}}) \bigcup (\cup_{j \in \mathcal{D}_2} \{i'(j)\}).$$

下面证明解 (S', σ') 是 SLBFL 实例 $\mathcal{I}_{SLF}$ 的可行解. 由于 $(S^* \cap S_{\mathrm{bi}}) \subseteq S_{\mathrm{bi}}$, 且对任意的顾客 $j \in \mathcal{D}_2$ 有 $\sigma'(j) \in S_{\mathrm{bi}}$, 可得到 $S' \subseteq S_{\mathrm{bi}}$. 若以下断言成立, 即可说明解 (S', σ') 的可行性.

断言. 对任意的设施 $i \in S'$, 解 (S', σ') 可保证其下界约束被满足, 即对任意的设施 $i \in S'$ 有

$$|j \in \mathcal{D} : \sigma'(j) = i| \geqslant L.$$

断言证明. 此证明采取分情况讨论. 第一种情况是当设施 $i \in S^* \cap S_{\mathrm{bi}}$ 时, 第二种情况是当设施 $i \in \bigcup_{j \in \mathcal{D}_2} \{i'(j)\}$ 时.

- **情况 1. 设施 $i \in S^* \cap S_{\mathrm{bi}}$.**

  对任意的设施 $i \in S^* \cap S_{\mathrm{bi}}$, 由于每个在解 (S^*, σ^*) 下连接到其的顾客 j 均有 $\sigma'(j) := \sigma^*(j)$, 所以有

  $$|j \in \mathcal{D} : \sigma'(j) = i| \geqslant |j \in \mathcal{D} : \sigma^*(j) = i| \geqslant L.$$

  因此, 任意的设施 $i \in S^* \cap S_{\mathrm{bi}}$ 满足其下界约束.

- **情况 2. 设施 $i \in \cup_{j \in \mathcal{D}_2} \{i'(j)\}$.**

  对任意的设施 $i \in \cup_{j \in \mathcal{D}_2} \{i'(j)\}$, 由于至少存在某个设施 $i^* \in S^* \setminus S_{\mathrm{bi}}$ 将其在解 (S^*, σ^*) 下所连接的顾客在解 (S', σ') 下均连接到设施 i, 所以有

  $$|j \in \mathcal{D} : \sigma'(j) = i| \geqslant |j \in \mathcal{D} : \sigma^*(j) = i^*| \geqslant L.$$

下面继续本引理的证明. 对任意的顾客 $j \in \mathcal{D}_2$, 其在解 (S', σ') 下的连接费用满足

$$c_{i'(j)j} \leqslant c_{\sigma^*(j)i'(j)} + c_{\sigma^*(j)j} \leqslant c_{\sigma^*(j)\sigma_{\mathrm{bi}}(j)} + c_{\sigma^*(j)j} \leqslant 2c_{\sigma^*(j)j} + c_{\sigma_{\mathrm{bi}}(j)j}.$$

由以上不等式, 可得到

$$
\begin{aligned}
\mathrm{OPT}_{\mathrm{SLF}} &\leqslant \sum_{j\in\mathcal{D}} c'_{\sigma'(j)j} \\
&= \sum_{j\in\mathcal{D}_1} c'_{\sigma'(j)j} + \sum_{j\in\mathcal{D}_2} c'_{\sigma'(j)j} \\
&= \sum_{j\in\mathcal{D}_1} c_{\sigma'(j)\sigma_{\mathrm{bi}}(j)} + \sum_{j\in\mathcal{D}_2} c_{\sigma'(j)\sigma_{\mathrm{bi}}(j)} \\
&\leqslant \sum_{j\in\mathcal{D}_1} \left(c_{\sigma'(j)j} + c_{\sigma_{\mathrm{bi}}(j)j} \right) + \sum_{j\in\mathcal{D}_2} \left(c_{\sigma'(j)j} + c_{\sigma_{\mathrm{bi}}(j)j} \right) \\
&= \sum_{j\in\mathcal{D}_1} \left(c_{\sigma^*(j)j} + c_{\sigma_{\mathrm{bi}}(j)j} \right) + \sum_{j\in\mathcal{D}_2} \left(c_{i'(j)j} + c_{\sigma_{\mathrm{bi}}(j)j} \right) \\
&\leqslant \sum_{j\in\mathcal{D}_1} \left(c_{\sigma^*(j)j} + c_{\sigma_{\mathrm{bi}}(j)j} \right) + 2\sum_{j\in\mathcal{D}_2} \left(c_{\sigma^*(j)j} + c_{\sigma_{\mathrm{bi}}(j)j} \right) \\
&\leqslant 2\sum_{j\in\mathcal{D}} \left(c_{\sigma^*(j)j} + c_{\sigma_{\mathrm{bi}}(j)j} \right).
\end{aligned}
\tag{2.3.7}
$$

由定理 2.2.3, 有

$$
\sum_{j\in\mathcal{D}} c_{\sigma_{\mathrm{bi}}(j)j} \leqslant \frac{1+\alpha}{1-\alpha}\rho \cdot \mathrm{OPT}_{\mathrm{L}km},
$$

又因为

$$
\sum_{j\in\mathcal{D}} c_{\sigma^*(j)j} = \mathrm{OPT}_{\mathrm{L}km},
$$

结合不等式 (2.3.7), 可得到

$$
\mathrm{OPT}_{\mathrm{SLF}} \leqslant 2\sum_{j\in\mathcal{D}} \left(c_{\sigma^*(j)j} + c_{\sigma_{\mathrm{bi}}(j)j} \right) \leqslant 2\left(\frac{1+\alpha}{1-\alpha}\rho + 1 \right) \cdot \mathrm{OPT}_{\mathrm{L}km},
$$

本引理得证. $\qquad\square$

引理 2.3.4 对 LB k-median 实例 $\mathcal{I}_{\mathrm{L}km}$ 的算法所得可行解 (S,σ), 其目标值不超过解 (S,σ) 在 SLBFL 实例 $\mathcal{I}_{\mathrm{SLF}}$ 下的目标值与解 $(S_{\mathrm{bi}},\sigma_{\mathrm{bi}})$ 在 LB k-median 实例 $\mathcal{I}_{\mathrm{L}km}$ 下的目标值求和, 即

$$
\sum_{j\in\mathcal{D}} c_{\sigma(j)j} \leqslant \sum_{j\in\mathcal{D}} c'_{\sigma(j)j} + \sum_{j\in\mathcal{D}} c_{\sigma_{\mathrm{bi}}(j)j} = \sum_{i\in S} f'_i + \sum_{j\in\mathcal{D}} c'_{\sigma(j)j} + \sum_{j\in\mathcal{D}} c_{\sigma_{\mathrm{bi}}(j)j}.
$$

证明 由算法 2 步 2, 对任意的设施 $i \in S_{\mathrm{bi}}$ 定义开设费用为 $f_i' = 0$, 又因为 $S \subseteq S_{\mathrm{bi}}$, 可得到

$$\sum_{j \in \mathcal{D}} c'_{\sigma(j)j} + \sum_{j \in \mathcal{D}} c_{\sigma_{\mathrm{bi}}(j)j} = \sum_{i \in S} f_i' + \sum_{j \in \mathcal{D}} c'_{\sigma(j)j} + \sum_{j \in \mathcal{D}} c_{\sigma_{\mathrm{bi}}(j)j}. \tag{2.3.8}$$

对任意的顾客 $j \in \mathcal{D}$ 有 $c'_{\sigma(j)j} = c_{\sigma(j)\sigma_{\mathrm{bi}}(j)}$, 可得到

$$\sum_{j \in \mathcal{D}} c_{\sigma(j)j} \leqslant \sum_{j \in \mathcal{D}} \left(c_{\sigma(j)\sigma_{\mathrm{bi}}(j)} + c_{\sigma_{\mathrm{bi}}(j)j} \right)$$

$$= \sum_{j \in \mathcal{D}} \left(c'_{\sigma(j)j} + c_{\sigma_{\mathrm{bi}}(j)j} \right), \tag{2.3.9}$$

结合不等式 (2.3.8) 和 (2.3.9), 本引理得证. $\qquad\square$

下面证明算法 2 的近似比. 由于解 (S, σ) 是 SLBFL 实例 $\mathcal{I}_{\mathrm{SLF}}$ 的 $g(\alpha)$-近似解, 可得到

$$\sum_{j \in \mathcal{D}} c'_{\sigma(j)j} \leqslant g(\alpha) \cdot \mathrm{OPT}_{\mathrm{SLF}}.$$

由定理 2.2.3、引理 2.3.3 和 2.3.4, 以及以上不等式, 可得到

$$\sum_{j \in \mathcal{D}} c_{\sigma(j)j} \leqslant \sum_{j \in \mathcal{D}} c'_{\sigma(j)j} + \sum_{j \in \mathcal{D}} c_{\sigma_{\mathrm{bi}}(j)j}$$

$$\leqslant g(\alpha) \cdot \mathrm{OPT}_{\mathrm{SLF}} + \sum_{j \in \mathcal{D}} c_{\sigma_{\mathrm{bi}}(j)j}$$

$$\leqslant g(\alpha) \cdot 2 \left(\frac{1+\alpha}{1-\alpha} \rho + 1 \right) \mathrm{OPT}_{\mathrm{L}km} + \frac{1+\alpha}{1-\alpha} \rho \cdot \mathrm{OPT}_{\mathrm{L}km}$$

$$= \left[(2g(\alpha) + 1) \frac{1+\alpha}{1-\alpha} \rho + 2g(\alpha) \right] \cdot \mathrm{OPT}_{\mathrm{L}km}.$$

由 $\alpha \in \left(\frac{1}{2}, 1 \right)$, $g(\alpha) = \frac{2}{\alpha} + \frac{2\alpha}{2\alpha - 1} + 2\sqrt{\frac{2}{\alpha^2} + \frac{4}{2\alpha - 1}}$ 和 $\rho = 2 + \sqrt{3} + \epsilon$, 可知当 $\alpha = \frac{16}{25}$ 时, 近似比不超过 610.

2.4　基于组合结构的近似算法

本节介绍 LB k-median 的两个改进的近似算法, 近似比分别为 386 和 168. 算法的主要思路来源于问题本身的组合结构, 考虑将求解 LB k-median 时需满足的基数约束和下界约束分开处理.

首先, 给出 k-中位问题 (k-median problem, 简记 k-median) 的具体描述, 基于组合结构的算法需调用 k-median 目前最好的近似算法. 在 k-median 的实例 $\mathcal{I}_{km}$ 中, 给定设施集合 $\mathcal{F}$、顾客集合 $\mathcal{D}$ 和正整数 k. 对任意的 $i, j \in \mathcal{F} \cup \mathcal{D}$, 给定距离 d_{ij}. 假设距离是度量的. 连接顾客 $j \in \mathcal{D}$ 到设施 $i \in \mathcal{F}$ 产生连接费用 c_{ij}, 连接费用等于设施 i 与顾客 j 之间的距离 d_{ij}. 目标是开设至多 k 个设施, 连接每个顾客到某个开设的设施上, 使得所有顾客的连接费用之和达到最小.

在给出 k-median 的整数规划之前, 同样需要引入两类 0-1 变量 ($\{x_{ij}\}_{i \in \mathcal{F}, j \in \mathcal{D}}$, $\{y_i\}_{i \in \mathcal{F}}$) 来进行问题刻画. 变量 x_{ij} 刻画顾客 j 是否连接到设施 i 上, 取 1 表示连接, 取 0 表示未连接; 变量 y_i 刻画设施 i 是否被开设, 取 1 表示开设, 取 0 表示未开设. 下面给出 k-median 的整数规划:

$$\min \quad \sum_{i \in \mathcal{F}} \sum_{j \in \mathcal{D}} c_{ij} x_{ij} \tag{2.4.1}$$

$$\text{s. t.} \quad \sum_{i \in \mathcal{F}} x_{ij} = 1, \qquad \forall j \in \mathcal{D}, \tag{2.4.2}$$

$$x_{ij} \leqslant y_i, \qquad \forall i \in \mathcal{F}, j \in \mathcal{D}, \tag{2.4.3}$$

$$\sum_{i \in \mathcal{F}} y_i \leqslant k, \tag{2.4.4}$$

$$x_{ij} \in \{0, 1\}, \qquad \forall i \in \mathcal{F}, j \in \mathcal{D}, \tag{2.4.5}$$

$$y_i \in \{0, 1\}, \qquad \forall i \in \mathcal{F}. \tag{2.4.6}$$

规划 (2.4.1)~(2.4.6) 与 LB k-median 的整数规划 (2.1.1)~(2.1.7) 相比, 约束上减少了下界约束.

对于 LB k-median 和 k-median, 以下引理成立.

引理 2.4.1　由规划 (2.1.1)~(2.1.7) 和 (2.4.1)~(2.4.6) 可看出, 当给定的 LB k-median 和 k-median 实例中设施集合 $\mathcal{F}$、顾客集合 $\mathcal{D}$ 和正整数 k 这三项输入相同时, 任意 LB k-median 实例的可行解也是 k-median 实例的可行解.

2.4.1　386-近似算法

算法 3 给出 LB k-median 的 386-近似算法, 算法主要分为四个步骤. 首先, 去除给定的 LB k-median 实例 $\mathcal{I}_{Lkm}$ 中下界输入 L, 构造出 k-median 的实例 $\mathcal{I}_{km}$. 然后, 调用 k-median 目前最好的近似算法来求解实例 $\mathcal{I}_{km}$, 得到实例 $\mathcal{I}_{km}$ 的可行解 $(S_{\text{mid}}, \sigma_{\text{mid}})$. 最后, 基于解 $(S_{\text{mid}}, \sigma_{\text{mid}})$, 构造出 LBFL 实例 $\mathcal{I}_{LF}$. 调用 LBFL 目前最好的近似算法来求解实例 $\mathcal{I}_{LF}$, 得到实例 $\mathcal{I}_{LF}$ 的

算法 3 LB k-median 的 386-近似算法

输入：LB k-median 实例 $\mathcal{I}_{\mathrm{L}km} = (\mathcal{F}, \mathcal{D}, k, L, \{c_{ij}\}_{i \in \mathcal{F}, j \in \mathcal{D}})$.

输出：实例 $\mathcal{I}_{\mathrm{L}km}$ 的可行解 (S, σ).

步 1 基于 LB k-median 实例 $\mathcal{I}_{\mathrm{L}km}$ 构造 k-median 实例 $\mathcal{I}_{km}$.

对 LB k-median 实例 $\mathcal{I}_{\mathrm{L}km}$，去除下界输入 L，得到 k-median 实例 $\mathcal{I}_{km} = (\mathcal{F}, \mathcal{D}, k, \{c_{ij}\}_{i \in \mathcal{F}, j \in \mathcal{D}})$.

步 2 求解 k-median 实例 $\mathcal{I}_{km}$ 得到解 $(S_{\mathrm{mid}}, \sigma_{\mathrm{mid}})$.

调用 k-median 目前最好的 η-近似算法求解实例 $\mathcal{I}_{km}$，得到实例 $\mathcal{I}_{km}$ 的可行解 $(S_{\mathrm{mid}}, \sigma_{\mathrm{mid}})$，其中 $\eta = 2.670\,59$ (参见文献 [20]).

步 3 基于解 $(S_{\mathrm{mid}}, \sigma_{\mathrm{mid}})$，由实例 $\mathcal{I}_{\mathrm{L}km}$ 构造 LBFL 实例 $\mathcal{I}_{\mathrm{LF}}$.

基于实例 $\mathcal{I}_{\mathrm{L}km}$ 与解 $(S_{\mathrm{mid}}, \sigma_{\mathrm{mid}})$，去除基数输入 k，对任意的设施 $i \in S_{\mathrm{mid}}$，定义开设费用为

$$f_i := 0,$$

得到 LBFL 实例 $\mathcal{I}_{\mathrm{LF}} = (\mathcal{F}_2, \mathcal{D}, L, \{f_i\}_{i \in \mathcal{F}_2}, \{c_{ij}\}_{i \in \mathcal{F}_2, j \in \mathcal{D}})$，其中 $\mathcal{F}_2 = S_{\mathrm{mid}}$.

步 4 求解 LBFL 实例 $\mathcal{I}_{\mathrm{LF}}$ 得到 LB k-median 实例 $\mathcal{I}_{\mathrm{L}km}$ 的可行解 (S, σ).

调用 LBFL 目前最好的 γ-近似算法求解实例 $\mathcal{I}_{\mathrm{LF}}$，得到实例 $\mathcal{I}_{\mathrm{LF}}$ 的可行解 (S, σ)，其中 $\gamma = 82.6$ (参见文献 [58]).

输出 可行解 (S, σ).

可行解 (S, σ)，此解同时也是 LB k-median 实例 $\mathcal{I}_{\mathrm{L}km}$ 的可行解. 图 2.2 给出算法 3 步 3 如何基于解 $(S_{\mathrm{mid}}, \sigma_{\mathrm{mid}})$ 由实例 $\mathcal{I}_{\mathrm{L}km}$ 构造 LBFL 实例 $\mathcal{I}_{\mathrm{LF}}$ 的说明. 图中矩形表示设施，其下界为 $L = 6$. 点表示顾客. 虚线表示解 $(S_{\mathrm{mid}}, \sigma_{\mathrm{mid}})$ 下顾客的连接情况. 开设设施集合 S_{mid} 是虚线所连接到的设施. 通过该图可看出实例 $\mathcal{I}_{\mathrm{L}km}$ 与 $\mathcal{I}_{\mathrm{LF}}$ 下给定设施集合的差别.

仍用二元组 (S^*, σ^*) 表示 LB k-median 实例 $\mathcal{I}_{\mathrm{L}km}$ 的最优解，用 $\mathrm{OPT}_{\mathrm{L}km}$ 表示 LB k-median 实例 $\mathcal{I}_{\mathrm{L}km}$ 的最优解目标值. 类似地，用 OPT_{km} 表示 k-median 实

例 $\mathcal{I}_{km}$ 的最优解目标值; 用 $\mathrm{OPT}_{\mathrm{LF}}$ 表示 LBFL 实例 $\mathcal{I}_{\mathrm{LF}}$ 的最优解目标值.

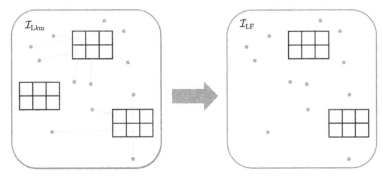

图 2.2　如何由实例 $\mathcal{I}_{\mathrm{L}km}$ 构造实例 $\mathcal{I}_{\mathrm{LF}}$ 的说明.

下面的定理给出算法 3 的主要结论.

定理 2.4.2　算法 3 是 LB k-median 的常数近似算法. 对任意的 LB k-median 实例 $\mathcal{I}_{\mathrm{L}km}$, 算法输出可行解 (S, σ), 即 (S, σ) 满足

$$|S| \leqslant k,$$

且对任意的设施 $i \in S$ 有

$$|\{j \in \mathcal{D} : \sigma(j) = i\}| \geqslant L.$$

同时, 可行解 (S, σ) 的目标值不超过实例 $\mathcal{I}_{\mathrm{L}km}$ 最优解目标值的 386 倍, 即

$$\sum_{j \in \mathcal{D}} c_{\sigma(j)j} \leqslant 386 \cdot \mathrm{OPT}_{\mathrm{L}km}.$$

不难看出, 算法 3 步 2 和步 4 保证了所得解满足基数约束和下界约束. 下面将关注算法 3 的近似比分析. 为证明定理 2.4.2 中的近似比, 需要以下引理.

引理 2.4.3　对 LBFL 实例 $\mathcal{I}_{\mathrm{LF}}$ 的最优解, 其目标值不超过 LB k-median 实例 $\mathcal{I}_{\mathrm{L}km}$ 最优解目标值的 $(\eta + 2)$ 倍, 即

$$\mathrm{OPT}_{\mathrm{LF}} \leqslant (\eta + 2) \cdot \mathrm{OPT}_{\mathrm{L}km},$$

其中 $\eta = 2.670\ 59$.

证明　本引理的证明过程与引理 2.3.3 的证明过程类似. 可用以下方法由 LB k-median 实例 $\mathcal{I}_{\mathrm{L}km}$ 的最优解 (S^*, σ^*) 构造出 LBFL 实例 $\mathcal{I}_{\mathrm{LF}}$ 的可行解 (S', σ').

首先将顾客集合 $\mathcal{D}$ 划分为两个集合 $\mathcal{D}_1$ 和 $\mathcal{D}_2$, 其中

$$\mathcal{D}_1 := \{j \in \mathcal{D} : \sigma^*(j) \in S^* \cap S_{\text{mid}}\},$$

$$\mathcal{D}_2 := \{j \in \mathcal{D} : \sigma^*(j) \in S^* \setminus S_{\text{mid}}\}.$$

对任意的顾客 $j \in \mathcal{D}_1$, 定义 $\sigma'(j) := \sigma^*(j)$. 对任意的顾客 $j \in \mathcal{D}_2$, 定义 $\sigma'(j) := i'(j)$, 其中 $i'(j)$ 是 S_{mid} 中与 $\sigma^*(j)$ 距离最近的设施. 定义

$$S' := (S^* \cap S_{\text{mid}}) \bigcup \left(\cup_{j \in \mathcal{D}_2} \{i'(j)\} \right).$$

下面证明解 (S', σ') 是 LBFL 实例 $\mathcal{I}_{\text{LF}}$ 的可行解. 由于 $(S^* \cap S_{\text{mid}}) \subseteq S_{\text{mid}}$, 且对任意的顾客 $j \in \mathcal{D}_2$ 有 $\sigma'(j) \in S_{\text{mid}}$, 可得到 $S' \subseteq S_{\text{mid}}$. 若以下断言成立, 即可说明解 (S', σ') 的可行性.

断言. 对任意的设施 $i \in S'$, 解 (S', σ') 可保证其下界约束被满足, 即对任意的设施 $i \in S'$ 有

$$|j \in \mathcal{D} : \sigma'(j) = i| \geqslant L.$$

断言证明. 此证明采取分情况讨论. 第一种情况是当设施 $i \in S^* \cap S_{\text{mid}}$ 时, 第二种情况是当设施 $i \in \bigcup_{j \in \mathcal{D}_2} \{i'(j)\}$ 时.

- **情况 1.** 设施 $i \in S^* \cap S_{\text{mid}}$.

  对任意的设施 $i \in S^* \cap S_{\text{mid}}$, 由于每个在解 (S^*, σ^*) 下连接到其的顾客 j 均有 $\sigma'(j) := \sigma^*(j)$, 所以有

$$|j \in \mathcal{D} : \sigma'(j) = i| \geqslant |j \in \mathcal{D} : \sigma^*(j) = i| \geqslant L.$$

  因此, 任意的设施 $i \in S^* \cap S_{\text{mid}}$ 满足其下界约束.

- **情况 2.** 设施 $i \in \cup_{j \in \mathcal{D}_2} \{i'(j)\}$.

  对任意的设施 $i \in \cup_{j \in \mathcal{D}_2} \{i'(j)\}$, 由于至少存在某个设施 $i^* \in S^* \setminus S_{\text{mid}}$ 将其在解 (S^*, σ^*) 下所连接的顾客在解 (S', σ') 下均连接到设施 i, 所以有

$$|j \in \mathcal{D} : \sigma'(j) = i| \geqslant |j \in \mathcal{D} : \sigma^*(j) = i^*| \geqslant L.$$

下面继续本引理的证明. 对任意的顾客 $j \in \mathcal{D}_2$, 其在解 (S', σ') 下的连接费用满足

$$c_{i'(j)j} \leqslant c_{\sigma^*(j)i'(j)} + c_{\sigma^*(j)j} \leqslant c_{\sigma^*(j)\sigma_{\text{mid}}(j)} + c_{\sigma^*(j)j} \leqslant 2c_{\sigma^*(j)j} + c_{\sigma_{\text{mid}}(j)j}. \quad (2.4.7)$$

由于解 $(S_{\text{mid}}, \sigma_{\text{mid}})$ 是 k-median 实例 $\mathcal{I}_{km}$ 的 η-近似解, 可得到

$$\sum_{j \in \mathcal{D}} c_{\sigma_{\text{mid}}(j)j} \leqslant \eta \cdot \text{OPT}_{km}. \quad (2.4.8)$$

由引理 2.4.1, 可知 LB k-median 实例 $\mathcal{I}_{\text{Lkm}}$ 的最优解 (S^*, σ^*) 是 k-median 实例 $\mathcal{I}_{km}$ 的可行解, 可得到

$$\text{OPT}_{km} \leqslant \text{OPT}_{\text{Lkm}}. \tag{2.4.9}$$

结合不等式 (2.4.8) 和 (2.4.9), 可得到

$$\sum_{j \in \mathcal{D}} c_{\sigma_{\text{mid}}(j)j} \leqslant \eta \cdot \text{OPT}_{\text{Lkm}}. \tag{2.4.10}$$

由不等式 (2.4.7), 可得到

$$
\begin{aligned}
\text{OPT}_{\text{LF}} &\leqslant \sum_{j \in \mathcal{D}} c_{\sigma'(j)j} \\
&= \sum_{j \in \mathcal{D}_1} c_{\sigma'(j)j} + \sum_{j \in \mathcal{D}_2} c_{\sigma'(j)j} \\
&= \sum_{j \in \mathcal{D}_1} c_{\sigma^*(j)j} + \sum_{j \in \mathcal{D}_2} c_{i'(j)j} \\
&\leqslant \sum_{j \in \mathcal{D}_1} c_{\sigma^*(j)j} + \sum_{j \in \mathcal{D}_2} \left(2c_{\sigma^*(j)j} + c_{\sigma_{\text{mid}}(j)j}\right) \\
&\leqslant \sum_{j \in \mathcal{D}} \left(2c_{\sigma^*(j)j} + c_{\sigma_{\text{mid}}(j)j}\right) \\
&\leqslant 2\sum_{j \in \mathcal{D}} c_{\sigma^*(j)j} + \sum_{j \in \mathcal{D}} c_{\sigma_{\text{mid}}(j)j}.
\end{aligned} \tag{2.4.11}
$$

结合不等式 (2.4.10) 和 (2.4.11), 又因为

$$\sum_{j \in \mathcal{D}} c_{\sigma^*(j)j} = \text{OPT}_{\text{Lkm}},$$

可得到

$$\text{OPT}_{\text{LF}} \leqslant 2\sum_{j \in \mathcal{D}} c_{\sigma^*(j)j} + \sum_{j \in \mathcal{D}} c_{\sigma_{\text{mid}}(j)j} \leqslant (2+\eta) \cdot \text{OPT}_{\text{Lkm}},$$

本引理得证. □

引理 2.4.4　对 LB k-median 实例 $\mathcal{I}_{\text{Lkm}}$ 的算法所得可行解 (S, σ), 其目标值等于解 (S, σ) 在 LBFL 实例 $\mathcal{I}_{\text{LF}}$ 下的目标值, 即

$$\sum_{j \in \mathcal{D}} c_{\sigma(j)j} = \sum_{i \in S} f_i + \sum_{j \in \mathcal{D}} c_{\sigma(j)j}.$$

证明 由算法 3 步 3, 对任意的设施 $i \in S_{\text{mid}}$ 定义开设费用为 $f_i = 0$, 又因为 $S \subseteq S_{\text{mid}}$, 本引理得证. $\square$

下面证明算法 3 的近似比. 由于解 (S, σ) 是 LBFL 实例 $\mathcal{I}_{\text{LF}}$ 的 γ-近似解, 结合引理 2.4.4, 可得到

$$\sum_{j \in \mathcal{D}} c_{\sigma(j)j} \leqslant \gamma \cdot \text{OPT}_{\text{LF}}.$$

由引理 2.4.3 和以上不等式, 可得到

$$\sum_{j \in \mathcal{D}} c_{\sigma(j)j} \leqslant \gamma \cdot (\eta + 2) \cdot \text{OPT}_{\text{L}km}.$$

由 $\gamma = 82.6$, $\eta = 2.670\,59$, 可知近似比不超过 386.

2.4.2　168-近似算法

算法 4 给出 LB k-median 的 168-近似算法, 算法主要分为五个步骤. 首先, 去除给定的 LB k-median 实例 $\mathcal{I}_{\text{L}km}$ 中下界输入 L, 构造出 k-median 的实例 $\mathcal{I}_{km}$. 然后, 调用 k-median 目前最好的近似算法来求解实例 $\mathcal{I}_{km}$, 得到实例 $\mathcal{I}_{km}$ 的可行解 (S_{km}, σ_{km}). 类似地, 去除给定的 LB k-median 实例 $\mathcal{I}_{\text{L}km}$ 中基数输入 k, 定义 $\mathcal{F}$ 中设施的开设费用, 构造出 LBFL 的实例 $\mathcal{I}_{\text{LF}}$, 再调用 LBFL 目前最好的近似算法来求解实例 $\mathcal{I}_{\text{LF}}$, 得到实例 $\mathcal{I}_{\text{LF}}$ 的可行解 $(S_{\text{LF}}, \sigma_{\text{LF}})$. 最后, 基于解 (S_{km}, σ_{km}) 满足基数约束和解 $(S_{\text{LF}}, \sigma_{\text{LF}})$ 满足下界约束的特性, 构造出实例 $\mathcal{I}_{\text{L}km}$ 的可行解 (S, σ).

算法 4　LB k-median 的 168-近似算法

输入: LB k-median 实例 $\mathcal{I}_{\text{L}km} = (\mathcal{F}, \mathcal{D}, k, L, \{c_{ij}\}_{i \in \mathcal{F}, j \in \mathcal{D}})$.

输出: 实例 $\mathcal{I}_{\text{L}km}$ 的可行解 (S, σ).

步 1 基于 LB k-median 实例 $\mathcal{I}_{\text{L}km}$ 构造 k-median 实例 $\mathcal{I}_{km}$.

　　对 LB k-median 实例 $\mathcal{I}_{\text{L}km}$, 去除下界输入 L, 得到 k-median 实例 $\mathcal{I}_{km} = (\mathcal{F}, \mathcal{D}, k, \{c_{ij}\}_{i \in \mathcal{F}, j \in \mathcal{D}})$.

步 2 求解 k-median 实例 $\mathcal{I}_{km}$ 得到解 (S_{km}, σ_{km}).

　　调用 k-median 目前最好的 η-近似算法求解实例 $\mathcal{I}_{km}$, 得到实例 $\mathcal{I}_{km}$ 的可行解 (S_{km}, σ_{km}), 其中 $\eta = 2.670\,59$ (参见文献 [20]).

步 3　基于 LB k-median 实例 $\mathcal{I}_{Lkm}$ 构造 LBFL 实例 $\mathcal{I}_{LF}$.

对 LB k-median 实例 $\mathcal{I}_{Lkm}$, 去除基数输入 k, 对任意的设施 $i \in \mathcal{F}$, 定义开设费用

$$f_i = 0,$$

得到 LBFL 实例 $\mathcal{I}_{LF} = (\mathcal{F}, \mathcal{D}, L, \{f_i\}_{i \in \mathcal{F}}, \{c_{ij}\}_{i \in \mathcal{F}, j \in \mathcal{D}})$.

步 4　求解 LBFL 实例 $\mathcal{I}_{LF}$ 得到解 (S_{LF}, σ_{LF}).

调用 LBFL 目前最好的 γ-近似算法求解实例 $\mathcal{I}_{LF}$, 得到实例 $\mathcal{I}_{LF}$ 的可行解 (S_{LF}, σ_{LF}), 其中 $\gamma = 82.6$ (参见文献 [58]).

步 5　基于解 (S_{km}, σ_{km}) 和 (S_{LF}, σ_{LF}), 构造 LB k-median 实例 $\mathcal{I}_{Lkm}$ 的可行解 (S, σ).

步 5.1　初始化.

令 $S := \varnothing$. 对任意的顾客 $j \in \mathcal{D}$, 令 $\sigma(j) := \sigma_{LF}(j)$. 令 $S_{re} := S_{LF}$.

步 5.2　构造 LB k-median 实例 $\mathcal{I}_{Lkm}$ 的可行解 (S, σ).

当 $S_{re} \neq \varnothing$ 时

任意选取 S_{re} 中的某个设施 i, 并找到 S_{km} 中距离 i 最近的设施 i_c, 即

$$i_c := \arg\min_{i' \in S_{km}} c_{ii'}.$$

更新 $S := S \cup \{i_c\}$, $S_{re} := S_{re} \setminus \{i\}$. 对任意的当前连接到设施 i 的顾客 j (即满足 $\sigma_{LF}(j) = i$ 的顾客), 将其改连到设施 i_c 上, 并更新 $\sigma(j) := i_c$.

输出 可行解 (S, σ).

下面的定理给出算法 4 的主要结论.

定理 2.4.5　算法 4 是 LB k-median 的常数近似算法. 对任意的 LB k-median 实例 $\mathcal{I}_{Lkm}$, 算法输出可行解 (S, σ), 即 (S, σ) 满足

$$|S| \leqslant k,$$

且对任意的设施 $i \in S$ 有

$$\left| \{ j \in \mathcal{D} : \sigma(j) = i \} \right| \geqslant L.$$

同时, 可行解 (S, σ) 的目标值不超过实例 $\mathcal{I}_{\mathrm{Lkm}}$ 最优解目标值的 168 倍, 即

$$\sum_{j \in \mathcal{D}} c_{\sigma(j)j} \leqslant 168 \cdot \mathrm{OPT}_{\mathrm{Lkm}}.$$

由算法 4 步 5.2, 可看出任意的设施 $i \in S$ 均是通过选取 S_{km} 中的设施得到的, 所以有

$$|S| \leqslant |S_{\mathrm{km}}| \leqslant k.$$

因此, 解 (S, σ) 满足基数约束. 对任意的设施 $i \in S$, 由于至少存在某个设施 $i_{\mathrm{LF}} \in S_{\mathrm{LF}}$ 将其在解 $(S_{\mathrm{LF}}, \sigma_{\mathrm{LF}})$ 下所连接的顾客在解 (S, σ) 下均连接到设施 i, 所以有

$$|j \in \mathcal{D} : \sigma(j) = i| \geqslant |j \in \mathcal{D} : \sigma_{\mathrm{LF}}(j) = i_{\mathrm{LF}}| \geqslant L.$$

因此, 解 (S, σ) 满足下界约束. 此时不难看出, 解 (S, σ) 是 LB k-median 实例 $\mathcal{I}_{\mathrm{Lkm}}$ 的可行解. 下面将关注算法 4 的近似比分析. 为证明定理 2.4.5 中的近似比, 需要以下引理.

引理 2.4.6 对 LB k-median 实例 $\mathcal{I}_{\mathrm{Lkm}}$ 的算法所得可行解 (S, σ), 其目标值不超过解 $(S_{\mathrm{km}}, \sigma_{\mathrm{km}})$ 在 k-median 实例 $\mathcal{I}_{\mathrm{km}}$ 下的目标值与 2 倍的解 $(S_{\mathrm{LF}}, \sigma_{\mathrm{LF}})$ 在 LBFL 实例 $\mathcal{I}_{\mathrm{LF}}$ 下的目标值求和, 即

$$\sum_{j \in \mathcal{D}} c_{\sigma(j)j} \leqslant \sum_{j \in \mathcal{D}} c_{\sigma_{\mathrm{km}}(j)j} + 2 \sum_{j \in \mathcal{D}} c_{\sigma_{\mathrm{LF}}(j)j}$$

$$= \sum_{j \in \mathcal{D}} c_{\sigma_{\mathrm{km}}(j)j} + 2 \left(\sum_{i \in S_{\mathrm{LF}}} f_i + \sum_{j \in \mathcal{D}} c_{\sigma_{\mathrm{LF}}(j)j} \right).$$

证明 由算法 4 步 3, 对任意的设施 $i \in \mathcal{F}$, 定义开设费用为 $f_i = 0$, 又因为 $S_{\mathrm{LF}} \subseteq \mathcal{F}$, 可得到

$$\sum_{j \in \mathcal{D}} c_{\sigma_{\mathrm{km}}(j)j} + 2 \sum_{j \in \mathcal{D}} c_{\sigma_{\mathrm{LF}}(j)j} = \sum_{j \in \mathcal{D}} c_{\sigma_{\mathrm{km}}(j)j} + 2 \left(\sum_{i \in S_{\mathrm{LF}}} f_i + \sum_{j \in \mathcal{D}} c_{\sigma_{\mathrm{LF}}(j)j} \right). \quad (2.4.12)$$

对任意的顾客 $j \in \mathcal{D}$, 用 i_{c}^j 表示在 S_{km} 中距离 $\sigma_{\mathrm{LF}}(j)$ 最近的设施. 因此, 在解 (S, σ) 下顾客的连接费用之和满足

$$\sum_{j \in \mathcal{D}} c_{\sigma(j)j} = \sum_{j \in \mathcal{D}} c_{i_c^j j}$$

$$\leqslant \sum_{j \in \mathcal{D}} \left(c_{i_c^j \sigma_{\mathrm{LF}}(j)} + c_{\sigma_{\mathrm{LF}}(j)j} \right)$$

$$\leqslant \sum_{j \in \mathcal{D}} \left(c_{\sigma_{km}(j)\sigma_{\mathrm{LF}}(j)} + c_{\sigma_{\mathrm{LF}}(j)j} \right)$$

$$\leqslant \sum_{j \in \mathcal{D}} \left(c_{\sigma_{km}(j)j} + 2c_{\sigma_{\mathrm{LF}}(j)j} \right)$$

$$= \sum_{j \in \mathcal{D}} c_{\sigma_{km}(j)j} + 2 \sum_{j \in \mathcal{D}} c_{\sigma_{\mathrm{LF}}(j)j}, \tag{2.4.13}$$

结合不等式 (2.4.12) 和 (2.4.13), 本引理得证. $\qquad\square$

下面证明算法 4 的近似比. 由于解 (S_{km}, σ_{km}) 是 k-median 实例 $\mathcal{I}_{km}$ 的 η-近似解, 所以有

$$\sum_{j \in \mathcal{D}} c_{\sigma_{km}(j)j} \leqslant \eta \cdot \mathrm{OPT}_{km}. \tag{2.4.14}$$

由于解 $(S_{\mathrm{LF}}, \sigma_{\mathrm{LF}})$ 是 LBFL 实例 $\mathcal{I}_{\mathrm{LF}}$ 的 γ-近似解, 所以有

$$\sum_{i \in S_{\mathrm{LF}}} f_i + \sum_{j \in \mathcal{D}} c_{\sigma_{\mathrm{LF}}(j)j} \leqslant \gamma \cdot \mathrm{OPT}_{\mathrm{LF}}. \tag{2.4.15}$$

由不等式 (2.4.14) 和 (2.4.15), 以及引理 2.4.6, 可得到

$$\sum_{j \in \mathcal{D}} c_{\sigma(j)j} \leqslant \sum_{j \in \mathcal{D}} c_{\sigma_{km}(j)j} + 2 \left(\sum_{i \in S_{\mathrm{LF}}} f_i + \sum_{j \in \mathcal{D}} c_{\sigma_{\mathrm{LF}}(j)j} \right)$$

$$\leqslant \eta \cdot \mathrm{OPT}_{km} + 2 \cdot \gamma \cdot \mathrm{OPT}_{\mathrm{LF}}. \tag{2.4.16}$$

因为引理 2.4.1, 可知 LB k-median 实例 $\mathcal{I}_{Lkm}$ 的最优解也是 k-median 实例 $\mathcal{I}_{km}$ 的可行解, 所以有

$$\mathrm{OPT}_{km} \leqslant \mathrm{OPT}_{Lkm}. \tag{2.4.17}$$

因为引理 2.3.1, 可知 LB k-median 实例 $\mathcal{I}_{Lkm}$ 的最优解也是 LBFL 实例 $\mathcal{I}_{\mathrm{LF}}$ 的可行解, 所以有

$$\mathrm{OPT}_{\mathrm{LF}} \leqslant \mathrm{OPT}_{Lkm}. \tag{2.4.18}$$

结合不等式 (2.4.16)~(2.4.18), 可得到

$$\sum_{j \in \mathcal{D}} c_{\sigma(j)j} \leqslant \eta \cdot \mathrm{OPT}_{k\mathrm{m}} + 2 \cdot \gamma \cdot \mathrm{OPT}_{\mathrm{LF}}$$

$$\leqslant \eta \cdot \mathrm{OPT}_{\mathrm{L}k\mathrm{m}} + 2 \cdot \gamma \cdot \mathrm{OPT}_{\mathrm{L}k\mathrm{m}}$$

$$= (\eta + 2\gamma) \cdot \mathrm{OPT}_{\mathrm{L}k\mathrm{m}}.$$

由 $\gamma = 82.6$, $\eta = 2.670\,59$, 可知近似比不超过 168.

第 3 章 广义的带下界约束的 k-中位问题

本章主要介绍广义的带下界约束的 k-中位问题 (general lower-bounded k-median problem, 简记 GLB k-median) 的近似算法. 3.1 节给出问题的数学描述以及问题的整数规划. 3.2~3.4 节介绍用于求解此问题的几种近似算法. 3.2 节介绍双标准近似算法, 该节的算法可看作对第 2 章中求解 LB k-median 的算法 1 的推广应用. 3.3 节介绍基于归约过程的近似算法, 得到 11021-近似算法, 该节的算法可看作对文献 [59] 中求解广义的带下界约束的设施选址问题的常数近似算法的推广应用. 3.4 节介绍基于组合结构的近似算法, 同样也得到常数近似算法, 该节的算法与分析取材于文献 [64].

3.1 问 题 介 绍

本节给出 GLB k-median 的具体问题描述以及其整数规划, 主要内容与 2.1 节类似. 在 GLB k-median 的实例 $\mathcal{I}_{\mathrm{GL}km}$ 中, 给定设施集合 $\mathcal{F}$、顾客集合 $\mathcal{D}$ 和正整数 k. 对任意的设施 $i \in \mathcal{F}$, 给定其非负下界 L_i. 对任意的 $i, j \in \mathcal{F} \cup \mathcal{D}$, 给定距离 d_{ij}. 假设距离是度量的, 即距离满足以下要求:

- 非负性: 对任意的 $i, j \in \mathcal{F} \cup \mathcal{D}$, 距离 $d_{ij} \geqslant 0$;
- 对称性: 对任意的 $i, j \in \mathcal{F} \cup \mathcal{D}$, 距离 $d_{ii} = 0, d_{ij} = d_{ji}$;
- 三角不等式: 对任意的 $h, i, j \in \mathcal{F} \cup \mathcal{D}$, 距离 $d_{ij} \leqslant d_{ih} + d_{hj}$.

连接顾客 $j \in \mathcal{D}$ 到设施 $i \in \mathcal{F}$ 将产生连接费用 c_{ij}, 连接费用等于设施 i 与顾客 j 之间的距离 d_{ij}. 目标是开设若干设施, 连接每个顾客到某个开设的设施上, 使得

- 基数约束被满足: 开设设施的个数不超过 k 个;
- 下界约束被满足: 每个开设设施 i 上所连接的顾客个数至少为 L_i 个;
- 所有顾客的连接费用之和达到最小.

在给出 GLB k-median 的整数规划之前, 需要引入两类 0-1 变量 ($\{x_{ij}\}_{i \in \mathcal{F}, j \in \mathcal{D}}$, $\{y_i\}_{i \in \mathcal{F}}$) 来进行问题刻画.

- 变量 x_{ij} 刻画顾客 j 是否连接到设施 i 上, 取 1 表示连接, 取 0 表示未连接;

- 变量 y_i 刻画设施 i 是否被开设, 取 1 表示开设, 取 0 表示未开设.

下面给出 GLB k-median 的整数规划:

$$\min \quad \sum_{i \in \mathcal{F}} \sum_{j \in \mathcal{D}} c_{ij} x_{ij} \tag{3.1.1}$$

$$\text{s. t.} \quad \sum_{i \in \mathcal{F}} x_{ij} = 1, \qquad \forall j \in \mathcal{D}, \tag{3.1.2}$$

$$x_{ij} \leqslant y_i, \qquad \forall i \in \mathcal{F}, j \in \mathcal{D}, \tag{3.1.3}$$

$$\sum_{j \in \mathcal{D}} x_{ij} \geqslant L_i y_i, \qquad \forall i \in \mathcal{F}, \tag{3.1.4}$$

$$\sum_{i \in \mathcal{F}} y_i \leqslant k, \tag{3.1.5}$$

$$x_{ij} \in \{0, 1\}, \qquad \forall i \in \mathcal{F}, j \in \mathcal{D}, \tag{3.1.6}$$

$$y_i \in \{0, 1\}, \qquad \forall i \in \mathcal{F}. \tag{3.1.7}$$

在规划 (3.1.1)~(3.1.7) 中, 目标函数 (3.1.1) 是所有顾客的连接费用之和; 约束 (3.1.2) 保证每个顾客 j 都要连接到某个设施上; 约束 (3.1.3) 保证如果存在某个顾客 j 连接到设施 i 上, 那么设施 i 一定要被开设; 约束 (3.1.4) 保证每个开设设施 i 上所连接的顾客个数至少为 L_i 个 (即满足下界约束); 约束 (3.1.5) 保证开设设施的个数不超过 k 个 (即满足基数约束). 规划 (3.1.1)~(3.1.7) 与 LB k-median 的整数规划 (2.1.1)~(2.1.7) 相比, 仅下界约束产生变化, 每个开设的设施 i 上所连接的顾客个数由至少为 L 个变为 L_i 个.

3.2 双标准近似算法

本节介绍 GLB k-median 的双标准近似算法, 主要内容与 2.2 节类似, 求解 k-FL 仍是双标准近似算法中的重要步骤.

对于 GLB k-median 和 k-FL, 以下引理成立.

引理 3.2.1 由规划 (3.1.1)~(3.1.7) 和 (2.2.1)~(2.2.6) 可看出, 当给定的 GLB k-median 和 k-FL 实例中设施集合 $\mathcal{F}$、顾客集合 $\mathcal{D}$ 和正整数 k 这三项输入相同时, 任意 GLB k-median 实例的可行解也是 k-FL 实例的可行解.

在介绍 GLB k-median 的双标准近似算法之前, 给出以下定义. 对任意的设施 $i \in \mathcal{F}$, 用 $\mathcal{D}_i$ 表示距离设施 i 最近的 L_i 个顾客, 也就是与设施 i 之间连接费用最小的 L_i 个顾客. 用二元组 (S, σ) 表示 GLB k-median 实例 $\mathcal{I}_{\mathrm{GL}km}$ 及其相关

问题实例的解, 其中 $S \subseteq \mathcal{F}$ 表示解中开设设施集合, 指派 $\sigma : \mathcal{D} \to S$ 表示顾客集合 $\mathcal{D}$ 中顾客到开设设施集合 S 的连接情况. 对任意的顾客 $j \in \mathcal{D}$, 用 $\sigma(j)$ 表示顾客 j 在指派 σ 下所连接到的设施.

算法 5 给出 GLB k-median 的双标准近似算法, 与算法 1 类似, 主要分为三个步骤. 首先, 选取参数 $\alpha \in (0,1)$. 根据参数 α, 基于给定的 GLB k-median 实例 $\mathcal{I}_{\mathrm{GL}km}$ 构造出相应的 k-FL 实例 $\mathcal{I}_{k\mathrm{F}}$. 然后, 调用 k-FL 目前最好的近似算法来求解实例 $\mathcal{I}_{k\mathrm{F}}$, 得到解 $(S_{\mathrm{mid}}, \sigma_{\mathrm{mid}})$. 虽然解 $(S_{\mathrm{mid}}, \sigma_{\mathrm{mid}})$ 并不是实例 $\mathcal{I}_{\mathrm{GL}km}$ 的双标准近似解, 但是类似算法 1, 仍可在其基础上进行设施的关闭以及顾客的改连, 从而得到最终的双标准近似解.

算法 5 GLB k-median 的双标准近似算法

输入: GLB k**-median 实例** $\mathcal{I}_{\mathrm{GL}km} = (\mathcal{F}, \mathcal{D}, k, \{L_i\}_{i \in \mathcal{F}}, \{c_{ij}\}_{i \in \mathcal{F}, j \in \mathcal{D}})$.

输出: 实例 $\mathcal{I}_{\mathrm{GL}km}$ 的双标准近似解 $(S_{\mathrm{bi}}, \sigma_{\mathrm{bi}})$.

步 1 基于 GLB k**-median 实例** $\mathcal{I}_{\mathrm{GL}km}$ **构造** k**-FL 实例** $\mathcal{I}_{k\mathrm{F}}$.

选取参数 $\alpha \in (0,1)$. 对 GLB k-median 实例 $\mathcal{I}_{\mathrm{GL}km}$, 去除下界输入 $\{L_i\}_{i \in \mathcal{F}}$, 对任意的设施 $i \in \mathcal{F}$, 定义开设费用为

$$f_i := \frac{2\alpha}{1-\alpha} \sum_{j \in \mathcal{D}_i} c_{ij},$$

得到 k-FL 实例 $\mathcal{I}_{k\mathrm{F}} = (\mathcal{F}, \mathcal{D}, k, \{f_i\}_{i \in \mathcal{F}}, \{c_{ij}\}_{i \in \mathcal{F}, j \in \mathcal{D}})$.

步 2 求解 k**-FL 实例** $\mathcal{I}_{k\mathrm{F}}$ **得到解** $(S_{\mathrm{mid}}, \sigma_{\mathrm{mid}})$.

调用 k-FL 目前最好的 ρ-近似算法求解实例 $\mathcal{I}_{k\mathrm{F}}$, 得到实例 $\mathcal{I}_{k\mathrm{F}}$ 的可行解 $(S_{\mathrm{mid}}, \sigma_{\mathrm{mid}})$, 其中 $\rho = 2 + \sqrt{3} + \epsilon$ (参见文献 [25]).

步 3 构造 GLB k**-median 实例** $\mathcal{I}_{\mathrm{GL}km}$ **的双标准近似解** $(S_{\mathrm{bi}}, \sigma_{\mathrm{bi}})$.

步 3.1 初始化.

令 $S_{\mathrm{bi}} := S_{\mathrm{mid}}$. 对任意的顾客 $j \in \mathcal{D}$, 令 $\sigma_{\mathrm{bi}}(j) := \sigma_{\mathrm{mid}}(j)$. 对任意的设施 $i \in \mathcal{F}$, 定义 $T_i := \{j \in \mathcal{D} : \sigma_{\mathrm{bi}}(j) = i\}$. 令 $n_i := |T_i|$. 定义 $S_{\mathrm{re}} := \{i \in S_{\mathrm{bi}} : n_i < \alpha L_i\}$.

步 3.2 关闭设施并重新连接顾客.

当 $S_{\mathrm{re}} \neq \varnothing$ 时

任意选取 S_{re} 中的某个设施 i 进行关闭. 对任意的顾客 $j \in T_i$, 将其改连到 $S_{\mathrm{bi}} \setminus \{i\}$ 中与其距离最近的设施 i_{clo} 上, 并更新 $\sigma_{\mathrm{bi}}(j) :=$. i_{clo} 更新 $S_{\mathrm{bi}} := S_{\mathrm{bi}} \setminus \{i\}$. 对任意的设施 $i \in \mathcal{F}$, 更新 T_i 和 n_i. 更新 S_{re}.

输出 双标准近似解 $(S_{\mathrm{bi}}, \sigma_{\mathrm{bi}})$.

用二元组 (S^*, σ^*) 表示 GLB k-median 实例 $\mathcal{I}_{\mathrm{GL}km}$ 的最优解, 其中 $S^* \subseteq \mathcal{F}$ 表示最优解中开设设施集合, 指派 $\sigma^* : \mathcal{D} \to S^*$ 表示顾客集合 $\mathcal{D}$ 中顾客到最优开设设施集合 S^* 的连接情况. 对任意的顾客 $j \in \mathcal{D}$, 用 $\sigma^*(j)$ 表示顾客 j 在指派 σ^* 下所连接到的设施. 用 $\mathrm{OPT}_{\mathrm{GL}km}$ 表示 GLB k-median 实例 $\mathcal{I}_{\mathrm{GL}km}$ 的最优解目标值, 即

$$\mathrm{OPT}_{\mathrm{GL}km} = \sum_{j \in \mathcal{D}} c_{\sigma^*(j)j}.$$

仍用 $\mathrm{OPT}_{k\mathrm{F}}$ 表示 k-FL 实例 $\mathcal{I}_{k\mathrm{F}}$ 的最优解目标值.

下面的定理给出算法 5 的主要结论.

定理 3.2.2 算法 5 是 GLB k-median 的双标准近似算法. 对任意的 GLB k-median 实例 $\mathcal{I}_{\mathrm{GL}km}$, 算法输出的双标准近似解 $(S_{\mathrm{bi}}, \sigma_{\mathrm{bi}})$, 即 $(S_{\mathrm{bi}}, \sigma_{\mathrm{bi}})$ 满足

$$|S_{\mathrm{bi}}| \leqslant k,$$

且对任意的设施 $i \in S_{\mathrm{bi}}$ 有

$$|\{j \in \mathcal{D} : \sigma_{\mathrm{bi}}(j) = i\}| \geqslant \alpha L_i.$$

同时, 双标准近似解 $(S_{\mathrm{bi}}, \sigma_{\mathrm{bi}})$ 的目标值不超过实例 $\mathcal{I}_{\mathrm{GL}km}$ 最优解目标值的 $\dfrac{1+\alpha}{1-\alpha}\rho$ 倍, 即

$$\sum_{j \in \mathcal{D}} c_{\sigma_{\mathrm{bi}}(j)j} \leqslant \frac{1+\alpha}{1-\alpha}\rho \cdot \mathrm{OPT}_{\mathrm{GL}km},$$

其中 $\alpha \in (0,1)$, $\rho = 2 + \sqrt{3} + \epsilon$.

不难看出, 算法 5 步 2 保证了所得解满足基数约束. 算法 5 步 3 结束时, 对任意的设施 $i \in S_{\mathrm{bi}}$, 均有

$$|\{j \in \mathcal{D} : \sigma_{\mathrm{bi}}(j) = i\}| = n_i \geqslant \alpha L_i.$$

故步 3 保证了所得解近似满足下界约束. 下面将关注算法 5 的近似比分析. 为证明定理 3.2.2 中的近似比, 需要以下引理.

引理 3.2.3 对 k-FL 实例 $\mathcal{I}_{kF}$ 的可行解 $(S_{\mathrm{mid}}, \sigma_{\mathrm{mid}})$, 其目标值不超过 GLB k-median 实例 $\mathcal{I}_{\mathrm{GL}km}$ 最优解目标值的 $\dfrac{1+\alpha}{1-\alpha}\rho$ 倍, 即

$$\sum_{i \in S_{\mathrm{mid}}} f_i + \sum_{j \in \mathcal{D}} c_{\sigma_{\mathrm{mid}}(j)j} \leqslant \frac{1+\alpha}{1-\alpha}\rho \cdot \mathrm{OPT}_{\mathrm{GL}km},$$

其中 $\alpha \in (0,1)$, $\rho = 2 + \sqrt{3} + \epsilon$.

证明 本引理的证明过程与引理 2.2.4 的证明过程类似. 由引理 3.2.1, 可知 GLB k-median 实例 $\mathcal{I}_{\mathrm{GL}km}$ 的最优解 (S^*, σ^*) 是 k-FL 实例 $\mathcal{I}_{kF}$ 的可行解. 因此,

$$\mathrm{OPT}_{kF} \leqslant \sum_{i \in S^*} f_i + \sum_{j \in \mathcal{D}} c_{\sigma^*(j)j}. \tag{3.2.1}$$

解 (S^*, σ^*) 在 k-FL 实例 $\mathcal{I}_{kF}$ 下的总开设费用为

$$\sum_{i \in S^*} f_i = \sum_{i \in S^*} \left(\frac{2\alpha}{1-\alpha} \sum_{j \in \mathcal{D}_i} c_{ij} \right) = \frac{2\alpha}{1-\alpha} \sum_{i \in S^*} \sum_{j \in \mathcal{D}_i} c_{ij}.$$

由 $\mathcal{D}_i$ 的定义, 以及任意的设施 $i \in S^*$ 在最优解 (S^*, σ^*) 中一定至少连接 L_i 个顾客, 可令费用 $\sum\limits_{j \in \mathcal{D}_i} c_{ij}$ 作为最优解 (S^*, σ^*) 中连接到设施 $i \in S^*$ 的顾客的总连接费用的下界. 因此, 解 (S^*, σ^*) 在实例 $\mathcal{I}_{kF}$ 下的总开设费用满足

$$\begin{aligned}
\sum_{i \in S^*} f_i &\leqslant \frac{2\alpha}{1-\alpha} \sum_{i \in S^*} \sum_{j \in \mathcal{D}: \sigma^*(j)=i} c_{ij} \\
&= \frac{2\alpha}{1-\alpha} \sum_{j \in \mathcal{D}} c_{\sigma^*(j)j} \\
&= \frac{2\alpha}{1-\alpha} \mathrm{OPT}_{\mathrm{GL}km}.
\end{aligned} \tag{3.2.2}$$

解 (S^*, σ^*) 在实例 $\mathcal{I}_{kF}$ 下的总连接费用满足

$$\sum_{j \in \mathcal{D}} c_{\sigma^*(j)j} = \mathrm{OPT}_{\mathrm{GL}km}, \tag{3.2.3}$$

结合不等式 (3.2.1)~(3.2.3), 可得到

$$\mathrm{OPT}_{kF} \leqslant \left(\frac{2\alpha}{1-\alpha} + 1 \right) \cdot \mathrm{OPT}_{\mathrm{GL}km} = \frac{1+\alpha}{1-\alpha} \cdot \mathrm{OPT}_{\mathrm{GL}km}. \tag{3.2.4}$$

由算法 5 步 2, 可得到

$$\sum_{i \in S_{\mathrm{mid}}} f_i + \sum_{j \in \mathcal{D}} c_{\sigma_{\mathrm{mid}}(j)j} \leqslant \rho \cdot \mathrm{OPT}_{k\mathrm{F}}. \tag{3.2.5}$$

结合不等式 (3.2.4) 和 (3.2.5), 可得到

$$\sum_{i \in S_{\mathrm{mid}}} f_i + \sum_{j \in \mathcal{D}} c_{\sigma_{\mathrm{mid}}(j)j} \leqslant \rho \frac{1+\alpha}{1-\alpha} \cdot \mathrm{OPT}_{\mathrm{GL}km},$$

本引理得证. □

引理 3.2.4 对 GLB k-median 实例 $\mathcal{I}_{\mathrm{GL}km}$ 的算法所得双标准近似解 $(S_{\mathrm{bi}}, \sigma_{\mathrm{bi}})$, 其目标值不超过 k-FL 实例 $\mathcal{I}_{k\mathrm{F}}$ 的可行解 $(S_{\mathrm{mid}}, \sigma_{\mathrm{mid}})$ 的目标值, 即

$$\sum_{j \in \mathcal{D}} c_{\sigma_{\mathrm{bi}}(j)j} \leqslant \sum_{i \in S_{\mathrm{mid}}} f_i + \sum_{j \in \mathcal{D}} c_{\sigma_{\mathrm{mid}}(j)j}.$$

证明 本引理的证明过程与引理 2.2.5 的证明过程类似. 证明此引理等价于证明不等式

$$\sum_{j \in \mathcal{D}} \left(c_{\sigma_{\mathrm{bi}}(j)j} - c_{\sigma_{\mathrm{mid}}(j)j} \right) \leqslant \sum_{i \in S_{\mathrm{mid}}} f_i. \tag{3.2.6}$$

由算法 5 步 3.2, 定义被关闭设施集合为 $S_{\mathrm{clo}} := S_{\mathrm{mid}} \setminus S_{\mathrm{bi}}$, 改连顾客集合为 $\mathcal{D}_{\mathrm{recon}} := \{j \in \mathcal{D} : \sigma_{\mathrm{mid}}(j) \in S_{\mathrm{clo}}\}$. 对任意的顾客 $j \in \mathcal{D} \setminus \mathcal{D}_{\mathrm{recon}}$, 总有 $\sigma_{\mathrm{bi}}(j) = \sigma_{\mathrm{mid}}(j)$. 因此, 证明不等式 (3.2.6) 等价于证明不等式

$$\sum_{j \in \mathcal{D}_{\mathrm{recon}}} \left(c_{\sigma_{\mathrm{bi}}(j)j} - c_{\sigma_{\mathrm{mid}}(j)j} \right) \leqslant \sum_{i \in S_{\mathrm{mid}}} f_i. \tag{3.2.7}$$

以上不等式说明算法 5 中改连顾客所产生的连接费用变化不超过解 $(S_{\mathrm{mid}}, \sigma_{\mathrm{mid}})$ 在实例 $\mathcal{I}_{k\mathrm{F}}$ 下的总开设费用.

下面证明不等式 (3.2.7). 当 S_{clo} 中某个设施关闭时, 某些 $\mathcal{D}_{\mathrm{recon}}$ 中的顾客需要被改连. 对任意的设施 $i \in S_{\mathrm{clo}}$, 用 T_i^{rc} 表示因设施 i 关闭而改连的顾客. 用 $\mathrm{cost}(T_i^{\mathrm{rc}})$ 表示改连 T_i^{rc} 中顾客所产生的连接费用变化. 因此, 可得到

$$\sum_{j \in \mathcal{D}_{\mathrm{recon}}} \left(c_{\sigma_{\mathrm{bi}}(j)j} - c_{\sigma_{\mathrm{mid}}(j)j} \right) \leqslant \sum_{i \in S_{\mathrm{clo}}} \mathrm{cost}(T_i^{\mathrm{rc}}). \tag{3.2.8}$$

由于对任意的设施 $i \in S_{\mathrm{clo}}$ 有 $|T_i^{\mathrm{rc}}| < \alpha L_i$, 因此

$$|\mathcal{D}_i \setminus T_i^{\mathrm{rc}}| > L_i - \alpha L_i = (1-\alpha)L_i.$$

所以, 一定存在某个顾客 $j \in \mathcal{D}_i \setminus T_i^{\mathrm{rc}}$ 满足

$$c_{ij} \leqslant \frac{\sum\limits_{j \in \mathcal{D}_i} c_{ij}}{|\mathcal{D}_i \setminus T_i^{\mathrm{rc}}|} \leqslant \frac{\sum\limits_{j \in \mathcal{D}_i} c_{ij}}{(1-\alpha)L_i}.$$

假设当设施 i 关闭时, 顾客 j 与设施 i' 相连. 由引理 2.2.2 和算法 5 步 3.2, 可得到 $c_{i'j} \leqslant c_{ij}$. 因此, 对任意的顾客 $j' \in T_i^{\mathrm{rc}}$, 其改连所产生的连接费用变化至多为

$$c_{ij} + c_{i'j} \leqslant 2c_{ij} \leqslant \frac{2\sum\limits_{j \in \mathcal{D}_i} c_{ij}}{(1-\alpha)L_i}.$$

所有 T_i^{rc} 中顾客改连所产生的连接费用变化满足

$$\mathrm{cost}(T_i^{\mathrm{rc}}) \leqslant |T_i^{\mathrm{rc}}| \cdot \frac{2\sum\limits_{j \in \mathcal{D}_i} c_{ij}}{(1-\alpha)L_i} \leqslant \alpha L_i \cdot \frac{2\sum\limits_{j \in \mathcal{D}_i} c_{ij}}{(1-\alpha)L_i} = \frac{2\alpha}{1-\alpha}\sum\limits_{j \in \mathcal{D}_i} c_{ij}.$$

因此, 可得到

$$\sum\limits_{i \in S_{\mathrm{clo}}} \mathrm{cost}(T_i^{\mathrm{rc}}) \leqslant \sum\limits_{i \in S_{\mathrm{clo}}} \frac{2\alpha}{1-\alpha}\sum\limits_{j \in \mathcal{D}_i} c_{ij} \leqslant \sum\limits_{i \in S_{\mathrm{clo}}} f_i. \tag{3.2.9}$$

由 $S_{\mathrm{clo}} \subseteq S_{\mathrm{mid}}$, 以及不等式 (3.2.8) 和 (3.2.9), 可得到

$$\sum\limits_{j \in \mathcal{D}_{\mathrm{recon}}} \left(c_{\sigma(j)_{\mathrm{bi}}j} - c_{\sigma_{\mathrm{mid}}(j)j}\right) \leqslant \sum\limits_{i \in S_{\mathrm{clo}}} \mathrm{cost}(T_i^{\mathrm{rc}}) \leqslant \sum\limits_{i \in S_{\mathrm{clo}}} f_i \leqslant \sum\limits_{i \in S_{\mathrm{mid}}} f_i,$$

不等式 (3.2.7) 得证, 本引理得证. □

结合引理 3.2.3 和 3.2.4, 定理 3.2.2 中的近似比得证.

3.3　基于归约过程的近似算法

本节介绍 GLB k-median 的常数近似算法, 算法所得解既满足基数约束又满足下界约束, 近似比为 11 021. 算法的主要思路基于归约过程, 将求解 GLB k-median 归约为求解带特殊惩罚的带下界约束的设施选址问题 (lower-bounded facility location problem with special penalties, 简记 LBFLwP). 与 2.3 节中用于求解 LB k-median 的基于归约过程的近似算法相比, 由于 GLB k-median 中每个设施的下界是不一致的, 本节中算法的归约过程更复杂.

基于归约过程的近似算法主要由三个阶段构成.

- 转化阶段：基于 GLB k-median 实例 $\mathcal{I}_{\mathrm{GL}km}$ 构造 LBFLwP 实例 $\mathcal{I}_{\mathrm{LFP}}$.
- 求解阶段：调用可求解 LBFLwP 实例 $\mathcal{I}_{\mathrm{LFP}}$ 的目前最好的近似算法求解实例 $\mathcal{I}_{\mathrm{LFP}}$, 得到实例 $\mathcal{I}_{\mathrm{LFP}}$ 的可行解 (S_p, σ_p).
- 构造阶段：基于 LBFLwP 实例 $\mathcal{I}_{\mathrm{LFP}}$ 的可行解 (S_p, σ_p), 构造 GLB k-median 实例 $\mathcal{I}_{\mathrm{GL}km}$ 的可行解 (S, σ).

3.3.1 节介绍转化和求解阶段, 3.3.2 节介绍构造可行解阶段, 3.3.3 节介绍主体算法及其结论.

3.3.1 转化和求解阶段

转化阶段与算法 5 密切相关. 仍用 $(S_{\mathrm{bi}}, \sigma_{\mathrm{bi}})$ 表示算法 5 输出的双标准近似解. 首先, 介绍广义的带下界约束的 k-设施选址问题问题 (general lower-bounded k-facility location problem, 简记 GLB k-FL) 和 LBFLwP.

在 GLB k-FL 的实例 $\mathcal{I}_{\mathrm{GL}kF}$ 中, 给定设施集合 $\mathcal{F}$、顾客集合 $\mathcal{D}$ 和正整数 k. 对任意的设施 $i \in \mathcal{F}$, 给定其非负下界 L_i 和开设费用 f_i. 对任意的 $i, j \in \mathcal{F} \cup \mathcal{D}$ 给定连接费用 c_{ij}. 目标是开设至多 k 个设施, 连接每个顾客到某个开设的设施上, 使得每个开设设施 i 上所连接的顾客个数至少为 L_i 个, 同时设施的开设费用与顾客的连接费用之和达到最小.

在介绍 LBFLwP 之前, 给出以下定义. 对任意的设施 $i_{\mathrm{bi}} \in S_{\mathrm{bi}}$, 定义

$$C_{i_{\mathrm{bi}}} := \min_{i \in S_{\mathrm{bi}} \setminus \{i_{\mathrm{bi}}\}} c_{i_{\mathrm{bi}}i} \quad \text{和} \quad N_{i_{\mathrm{bi}}} := \left\{ i \in \mathcal{F} : c_{i_{\mathrm{bi}}i} < \frac{C_{i_{\mathrm{bi}}}}{2} \right\}.$$

值得注意的是, 对任意的两个设施 $i_{\mathrm{bi}}, i'_{\mathrm{bi}} \in S_{\mathrm{bi}}$ 有 $N_{i_{\mathrm{bi}}} \cap N_{i'_{\mathrm{bi}}} = \varnothing$.

在 LBFLwP 的实例 $\mathcal{I}_{\mathrm{LFP}}$ 中, 给定设施集合 $\mathcal{F}$、设施集合 $S_{\mathrm{bi}} \subseteq \mathcal{F}$、虚拟设施 i_{un} 和顾客集合 $\mathcal{D}$. 令 $\mathcal{F}' := \mathcal{F} \cup \{i_{\mathrm{un}}\}$. 对任意的设施 $i \in \mathcal{F}'$, 给定其非负下界 L_i 和开设费用 f_i. 对任意的 $i, j \in \mathcal{F}' \cup \mathcal{D}$, 给定连接费用 c_{ij}. 对任意的设施 $i_{\mathrm{bi}} \in S_{\mathrm{bi}}$, 若所有 $N_{i_{\mathrm{bi}}}$ 中的设施均未被开设, 产生惩罚费用 $p_{i_{\mathrm{bi}}}$. 目标是开设若干 $\mathcal{F}'$ 中的设施, 连接每个顾客到某个开设的设施上, 使得每个开设设施 i 上所连接的顾客个数至少为 L_i 个, 同时设施的开设费用、顾客的连接费用与设施的惩罚费用之和达到最小.

算法 6 给出转化阶段, 本阶段主要分为两个步骤. 首先, 基于给定的 GLB k-median 实例 $\mathcal{I}_{\mathrm{GL}km}$, 定义任意的设施开设费用, 重新定义任意的设施与顾客之间的连接费用, 构造出相应的 GLB k-FL 实例 $\mathcal{I}_{\mathrm{GL}kF}$. 然后, 引入虚拟设施的概念,

定义 S_{bi} 中设施的惩罚费用, 基于 GLB k-FL 实例 $\mathcal{I}_{\mathrm{GL}k\mathrm{F}}$ 最终构造出 LBFLwP 实例 $\mathcal{I}_{\mathrm{LFP}}$.

算法 6　求解 GLB k-median 的转化阶段

输入: GLB k-median 实例 $\mathcal{I}_{\mathrm{GL}km} = (\mathcal{F}, \mathcal{D}, k, \{L_i\}_{i \in \mathcal{F}}, \{c_{ij}\}_{i \in \mathcal{F}, j \in \mathcal{D}})$.

输出: LBFLwP 实例 $\mathcal{I}_{\mathrm{LFP}} = (\mathcal{F}', \mathcal{D}, \{L_i\}_{i \in \mathcal{F}'}, \{f_i'\}_{i \in \mathcal{F}'}, \{c_{ij}^f\}_{i \in \mathcal{F}', j \in \mathcal{D}},$
$\{p_{i_{\mathrm{bi}}}\}_{i_{\mathrm{bi}} \in S_{\mathrm{bi}}})$.

步 1 基于 GLB k-median 实例 $\mathcal{I}_{\mathrm{GL}km}$ 构造 GLB k-FL 实例 $\mathcal{I}_{\mathrm{GL}k\mathrm{F}}$.

调用算法 5 来求解 GLB k-median 实例 $\mathcal{I}_{\mathrm{GL}km}$, 同时保证调用算法时选取的参数 $\alpha \in \left(\dfrac{1}{2}, 1\right)$, 得到实例 $\mathcal{I}_{\mathrm{GL}km}$ 的双标准近似解 $(S_{\mathrm{bi}}, \sigma_{\mathrm{bi}})$.

基于 GLB k-median 实例 $\mathcal{I}_{\mathrm{GL}km}$ 与其双标准近似解 $(S_{\mathrm{bi}}, \sigma_{\mathrm{bi}})$, 对任意的设施 $i_{\mathrm{bi}} \in S_{\mathrm{bi}}$, 定义

$$C_{i_{\mathrm{bi}}} := \min_{i \in S_{\mathrm{bi}} \setminus \{i_{\mathrm{bi}}\}} c_{i_{\mathrm{bi}}i} \quad \text{和} \quad N_{i_{\mathrm{bi}}} := \left\{ i \in \mathcal{F} : c_{i_{\mathrm{bi}}i} < \frac{C_{i_{\mathrm{bi}}}}{2} \right\},$$

对任意的设施 $i \in \mathcal{F}$, 定义

$$n_i := |\{j \in \mathcal{D} : \sigma_{\mathrm{bi}}(j) = i\}|,$$

$$f_i' := \begin{cases} \dfrac{2}{3} n_{i_{\mathrm{bi}}} c_{i_{\mathrm{bi}}i}, & \text{存在某个 } i_{\mathrm{bi}} \in S_{\mathrm{bi}} \text{ 使得 } i \in N_{i_{\mathrm{bi}}}, \\ 0, & \text{否则}, \end{cases}$$

$$\psi(i) := \begin{cases} i_{\mathrm{bi}}, & \text{存在某个 } i_{\mathrm{bi}} \in S_{\mathrm{bi}} \text{ 使得 } i \in N_{i_{\mathrm{bi}}}, \\ i, & \text{否则}, \end{cases}$$

得到 GLB k-FL 实例 $\mathcal{I}_{\mathrm{GL}k\mathrm{F}} = (\mathcal{F}, \mathcal{D}, k, \{L_i\}_{i \in \mathcal{F}}, \{f_i'\}_{i \in \mathcal{F}}, \{c_{ij}^f\}_{i \in \mathcal{F}, j \in \mathcal{D}})$, 其中对任意的设施 $i \in \mathcal{F}$ 和顾客 $j \in \mathcal{D}$ 有 $c_{ij}^f := c_{\psi(i)\sigma_{\mathrm{bi}}(j)}$.

步 2 基于 GLB k-FL 实例 $\mathcal{I}_{\mathrm{GL}k\mathrm{F}}$ 构造 LBFLwP 实例 $\mathcal{I}_{\mathrm{LFP}}$.

基于 GLB k-FL 实例 $\mathcal{I}_{\mathrm{GL}k\mathrm{F}}$, 引入虚拟设施 i_{un}, 去除基数输入 k, 对任意的设施 $i_{\mathrm{bi}} \in S_{\mathrm{bi}}$ 定义

$$p_{i_{\mathrm{bi}}} := \frac{2\alpha - 1}{2\alpha^2} \cdot n_{i_{\mathrm{bi}}} C_{i_{\mathrm{bi}}},$$

得到 LBFLwP 实例 $\mathcal{I}_{\mathrm{LFP}} = (\mathcal{F}', \mathcal{D}, \{L_i\}_{i \in \mathcal{F}'}, \{f'_i\}_{i \in \mathcal{F}'}, \{c^f_{ij}\}_{i \in \mathcal{F}', j \in \mathcal{D}}, \{p_{i_{\mathrm{bi}}}\}_{i_{\mathrm{bi}} \in S_{\mathrm{bi}}})$, 其中 $\mathcal{F}' = \mathcal{F} \cup \{i_{\mathrm{un}}\}$, $L_{i_{\mathrm{un}}} = 0$, 对任意的顾客 $j \in \mathcal{D}$ 有 $c^f_{i_{\mathrm{un}}j} = 0$.

输出 LBFLwP 实例 $\mathcal{I}_{\mathrm{LFP}}$.

仍用二元组 (S, σ) 表示 GLB k-median 实例 $\mathcal{I}_{\mathrm{GL}km}$ 和 GLB k-FL 实例 $\mathcal{I}_{\mathrm{GL}kF}$ 的解, 其中 $S \subseteq \mathcal{F}$ 表示解中开设设施集合, 指派 $\sigma : \mathcal{D} \to S$ 表示顾客集合 $\mathcal{D}$ 中顾客到开设设施集合 S 的连接情况. 对任意的顾客 $j \in \mathcal{D}$, 用 $\sigma(j)$ 表示顾客 j 在指派 σ 下所连接到的设施. 下面给出对 LBFLwP 实例 $\mathcal{I}_{\mathrm{LFP}}$ 的解的定义, 此定义与前面对解的定义有所不同. 用二元组 $(S_{\mathrm{LFP}}, \sigma_{\mathrm{LFP}})$ 表示 LBFLwP 实例 $\mathcal{I}_{\mathrm{LFP}}$ 的解, 其中 $S_{\mathrm{LFP}} \subseteq \mathcal{F}$ 表示解在 $\mathcal{F}$ 中开设的设施 (即 $\mathcal{F}'$ 中除虚拟设施 i_{un} 外真正开设的设施), 指派 $\sigma_{\mathrm{LFP}} : \mathcal{D} \to S \cup \{i_{\mathrm{un}}\}$ 表示顾客集合 $\mathcal{D}$ 中顾客到设施集合 $S \cup \{i_{\mathrm{un}}\}$ 的连接情况. 对任意的顾客 $j \in \mathcal{D}$, 如果 $\sigma_{\mathrm{LFP}}(j) \in S$, 用 $\sigma_{\mathrm{LFP}}(j)$ 表示顾客 j 所连接的设施; 如果 $\sigma_{\mathrm{LFP}}(j) = i_{\mathrm{un}}$, 意味着顾客 j 并未被真正连接. 对任意的两个设施 $i_{\mathrm{bi}}, i'_{\mathrm{bi}} \in S_{\mathrm{bi}}$, 假设 $c^f_{i_{\mathrm{bi}}i'_{\mathrm{bi}}} = c_{i_{\mathrm{bi}}i'_{\mathrm{bi}}}$.

仍用二元组 (S^*, σ^*) 表示 GLB k-median 实例 $\mathcal{I}_{\mathrm{GL}km}$ 的最优解, 用 $\mathrm{OPT}_{\mathrm{GL}km}$ 表示 GLB k-median 实例 $\mathcal{I}_{\mathrm{GL}km}$ 的最优解目标值. 类似地, 用 $\mathrm{OPT}_{\mathrm{GL}kF}$ 表示 GLB k-FL 实例 $\mathcal{I}_{\mathrm{GL}kF}$ 的最优解目标值; 用 $\mathrm{OPT}_{\mathrm{LFP}}$ 表示 LBFLwP 实例 $\mathcal{I}_{\mathrm{LFP}}$ 的最优解目标值.

引理 3.3.1 对 GLB k-FL 实例 $\mathcal{I}_{\mathrm{GL}kF}$ 的最优解, 其目标值不超过 GLB k-median 实例 $\mathcal{I}_{\mathrm{GL}km}$ 最优解目标值的 $\frac{8}{3}\left(1 + \frac{1+\alpha}{1-\alpha}\rho\right)$ 倍, 即

$$\mathrm{OPT}_{\mathrm{GL}kF} \leqslant \frac{8}{3}\left(1 + \frac{1+\alpha}{1-\alpha}\rho\right) \cdot \mathrm{OPT}_{\mathrm{GL}km},$$

其中 $\alpha \in \left(\frac{1}{2}, 1\right)$, $\rho = 2 + \sqrt{3} + \epsilon$.

证明 可用以下方法由 GLB k-median 实例 $\mathcal{I}_{\mathrm{GL}km}$ 的最优解 (S^*, σ^*) 构造出 GLB k-FL 实例 $\mathcal{I}_{\mathrm{GL}kF}$ 的可行解 (S_f, σ_f). 初始, 令 $S_f := S^*$. 对任意的顾客 $j \in \mathcal{D}$, 令 $\sigma_f(j) := \sigma^*(j)$. 定义 $\mathcal{F}_{\mathrm{re}} := \{i_{\mathrm{bi}} \in S_{\mathrm{bi}} : |N_{i_{\mathrm{bi}}} \cap S^*| \geqslant 2\}$. 当 $\mathcal{F}_{\mathrm{re}} \neq \varnothing$ 时, 任意选取 $i_{\mathrm{bi}} \in \mathcal{F}_{\mathrm{re}}$ 中的某个设施. 对任意满足 $\sigma_f(j) \in N_{i_{\mathrm{bi}}}$ 的顾客 j, 将其改连到设施

$$i' = \arg\min_{i \in N_{\mathrm{bi}} \cap S^*} c_{i_{\mathrm{bi}}i}$$

上, 并更新 $\sigma_f(j) := i'$. 更新 $\mathcal{F}_{\mathrm{re}} := \mathcal{F}_{\mathrm{re}} \setminus \{i_{\mathrm{bi}}\}$, $S_f := S_f \setminus N_{i_{\mathrm{bi}}} \cup \{i'\}$. 可看出任意的设施 $i \in S_f$ 均是通过选取 S^* 中的设施得到的, 所以有

$$|S_f| \leqslant |S^*| \leqslant k.$$

因此, 解 (S_f, σ_f) 满足基数约束. 对任意的设施 $i \in S_f$, 其在最优解 (S^*, σ^*) 下 i 所连接的顾客在解 (S_f, σ_f) 下均仍连接到设施 i, 所以有

$$|\{j \in \mathcal{D} : \sigma_f(j) = i\}| \geqslant |\{j \in \mathcal{D} : \sigma^*(j) = i\}| \geqslant L_i.$$

因此, 解 (S_f, σ_f) 满足下界约束. 此时不难看出, 解 (S_f, σ_f) 是 GLB k-FL 实例 $\mathcal{I}_{\mathrm{GL}k\mathrm{F}}$ 的可行解. 因此, 可得到

$$\mathrm{OPT}_{\mathrm{GL}k\mathrm{F}} \leqslant \sum_{i \in S_f} f_i' + \sum_{j \in \mathcal{D}} c_{\sigma_f(j)j}^f. \tag{3.3.1}$$

由算法 6 步 1, 对任意的设施 $i \notin \bigcup_{i_{\mathrm{bi}} \in S_{\mathrm{bi}}} N_{i_{\mathrm{bi}}}$ 定义开设费用为 $f_i' = 0$, 可得到

$$\sum_{i \in S_f} f_i' = \sum_{i \in S_f \cap N_{i_{\mathrm{bi}}} : i_{\mathrm{bi}} \in S_{\mathrm{bi}}} f_i' = \frac{2}{3} \sum_{i \in S_f \cap N_{i_{\mathrm{bi}}} : i_{\mathrm{bi}} \in S_{\mathrm{bi}}} n_{i_{\mathrm{bi}}} c_{i_{\mathrm{bi}}i}. \tag{3.3.2}$$

由解 (S_f, σ_f) 的构造过程, 可看出若存在某个 $i_{\mathrm{bi}} \in S_{\mathrm{bi}}$ 使得设施 $i \in S_f \cap N_{i_{\mathrm{bi}}}$, 那么 i 是 S^* 中距离 i_{bi} 最近的设施. 因此,

$$n_{i_{\mathrm{bi}}} c_{i_{\mathrm{bi}}i} \leqslant \sum_{j \in \mathcal{D} : \sigma_{\mathrm{bi}}(j) = i_{\mathrm{bi}}} c_{\sigma_{\mathrm{bi}}(j)\sigma^*(j)}.$$

由以上不等式, 以及任意的设施 $i_{\mathrm{bi}} \in S_{\mathrm{bi}}$ 满足 $|S_f \cap N_{i_{\mathrm{bi}}}| \leqslant 1$, 可得到

$$\sum_{i \in S_f \cap N_{i_{\mathrm{bi}}} : i_{\mathrm{bi}} \in S_{\mathrm{bi}}} n_{i_{\mathrm{bi}}} c_{i_{\mathrm{bi}}i} \leqslant \sum_{j \in \mathcal{D}} c_{\sigma_{\mathrm{bi}}(j)\sigma^*(j)}. \tag{3.3.3}$$

由函数 ψ 的定义, 对任意的顾客 $j \in \mathcal{D}$ 有

$$\psi(\sigma_f(j)) = \psi(\sigma^*(j)).$$

因此,

$$c_{\sigma_f(j)j}^f = c_{\psi(\sigma_f(j))\sigma_{\mathrm{bi}}(j)} = c_{\psi(\sigma^*(j))\sigma_{\mathrm{bi}}(j)} = c_{\sigma^*(j)j}^f. \tag{3.3.4}$$

若以下断言成立, 可给出 GLB k-FL 实例 $\mathcal{I}_{\mathrm{GL}k\mathrm{F}}$ 的可行解 (S_f, σ_f) 的目标值的上界.

断言. 对任意的设施 $i \in \mathcal{F}$ 和 $j \in \mathcal{D}$ 有 $c_{ij}^f \leqslant 2c_{i\sigma_{\mathrm{bi}}(j)}$.

断言证明. 对任意的顾客 $j \in \mathcal{D}$, 将其到某个设施 i 的连接费用采取分情况讨论. 第一种情况是当设施 $i \notin \bigcup_{i_{\mathrm{bi}} \in S_{\mathrm{bi}}} N_{i_{\mathrm{bi}}}$ 时, 第二种情况是存在某个 $i_{\mathrm{bi}} \in S_{\mathrm{bi}}$ 使得设施 $i \in N_{i_{\mathrm{bi}}}$ 时.

- **情况 1. 设施 $i \notin \bigcup_{i_{\mathrm{bi}} \in S_{\mathrm{bi}}} N_{i_{\mathrm{bi}}}$.**

  此情况下有 $c_{ij}^f = c_{\psi(i)\sigma_{\mathrm{bi}}(j)} = c_{i\sigma_{\mathrm{bi}}(j)} \leqslant 2c_{i\sigma_{\mathrm{bi}}(j)}$.

- **情况 2. 存在某个 $i_{\mathrm{bi}} \in S_{\mathrm{bi}}$ 使得设施 $i \in N_{i_{\mathrm{bi}}}$.**

  此情况下有 $c_{ij}^f = c_{\psi(i)\sigma_{\mathrm{bi}}(j)} = c_{i_{\mathrm{bi}}\sigma_{\mathrm{bi}}(j)}$.

  - 若 $i_{\mathrm{bi}} = \sigma_{\mathrm{bi}}(j)$, 可得到 $c_{ij}^f = c_{i_{\mathrm{bi}}\sigma_{\mathrm{bi}}(j)} = 0 \leqslant 2c_{i\sigma_{\mathrm{bi}}(j)}$.

  - 若 $i_{\mathrm{bi}} \neq \sigma_{\mathrm{bi}}(j)$, 可得到 $c_{ij}^f = c_{i_{\mathrm{bi}}\sigma_{\mathrm{bi}}(j)} \leqslant c_{i_{\mathrm{bi}}i} + c_{i\sigma_{\mathrm{bi}}(j)} \leqslant \frac{c_{i_{\mathrm{bi}}\sigma_{\mathrm{bi}}(j)}}{2} + c_{i\sigma_{\mathrm{bi}}(j)}$, 所以有 $\frac{c_{ij}^f}{2} = \frac{c_{i_{\mathrm{bi}}\sigma_{\mathrm{bi}}(j)}}{2} \leqslant c_{i\sigma_{\mathrm{bi}}(j)}$.

下面继续本引理的证明. 结合不等式 (3.3.2)~(3.3.4) 和断言, 可得到

$$
\begin{aligned}
\sum_{i \in S_f} f_i' + \sum_{j \in \mathcal{D}} c_{\sigma_f(j)j}^f &= \sum_{i \in S_f \cap N_{i_{\mathrm{bi}}} : i_{\mathrm{bi}} \in S_{\mathrm{bi}}} f_i' + \sum_{j \in \mathcal{D}} c_{\sigma^*(j)j}^f \\
&\leqslant \frac{2}{3} \sum_{i \in S_f \cap N_{i_{\mathrm{bi}}} : i_{\mathrm{bi}} \in S_{\mathrm{bi}}} n_{i_{\mathrm{bi}}} c_{i_{\mathrm{bi}}i} + 2 \sum_{j \in \mathcal{D}} c_{\sigma^*(j)\sigma_{\mathrm{bi}}(j)} \\
&\leqslant \frac{2}{3} \sum_{j \in \mathcal{D}} c_{\sigma_{\mathrm{bi}}(j)\sigma^*(j)} + 2 \sum_{j \in \mathcal{D}} c_{\sigma^*(j)\sigma_{\mathrm{bi}}(j)} \\
&= \frac{8}{3} \sum_{j \in \mathcal{D}} c_{\sigma^*(j)\sigma_{\mathrm{bi}}(j)} \\
&\leqslant \frac{8}{3} \left(\sum_{j \in \mathcal{D}} c_{\sigma^*(j)j} + \sum_{j \in \mathcal{D}} c_{\sigma_{\mathrm{bi}}(j)j} \right). \tag{3.3.5}
\end{aligned}
$$

由于解 (S^*, σ^*) 是 GLB k-median 实例 $\mathcal{I}_{\mathrm{GL}k\mathrm{m}}$ 的最优解, 结合定理 3.2.2, 可得到

$$
\sum_{j \in \mathcal{D}} c_{\sigma^*(j)j} + \sum_{j \in \mathcal{D}} c_{\sigma_{\mathrm{bi}}(j)j} \leqslant \mathrm{OPT}_{\mathrm{GL}k\mathrm{m}} + \frac{1+\alpha}{1-\alpha} \rho \cdot \mathrm{OPT}_{\mathrm{GL}k\mathrm{m}}. \tag{3.3.6}
$$

结合不等式 (3.3.1)、(3.3.5) 和 (3.3.6), 本引理得证. □

用二元组 (S_f^*, σ_f^*) 表示 GLB k-FL 实例 $\mathcal{I}_{\mathrm{GL}k\mathrm{F}}$ 的最优解.

引理 3.3.2　对 LBFLwP 实例 $\mathcal{I}_{\mathrm{LFP}}$ 的最优解, 其目标值不超过 GLB k-FL 实例 $\mathcal{I}_{\mathrm{GL}k\mathrm{F}}$ 最优解目标值的 $\left(1 + \dfrac{2\alpha - 1}{\alpha^2}\right)$ 倍, 即

$$\mathrm{OPT}_{\mathrm{LFP}} \leqslant \left(1 + \frac{2\alpha - 1}{\alpha^2}\right) \cdot \mathrm{OPT}_{\mathrm{GL}k\mathrm{F}},$$

其中 $\alpha \in \left(\dfrac{1}{2}, 1\right)$.

证明　由于 GLB k-FL 实例 $\mathcal{I}_{\mathrm{GL}k\mathrm{F}}$ 的最优解 (S_f^*, σ_f^*) 也是 LBFLwP 实例 $\mathcal{I}_{\mathrm{LFP}}$ 的可行解, 可得到

$$\mathrm{OPT}_{\mathrm{LFP}} \leqslant \sum_{i \in S_f^*} f_i' + \sum_{j \in \mathcal{D}} c_{\sigma_f^*(j)j}^f + \sum_{i_{\mathrm{bi}} \in S_{\mathrm{bi}} : S_f^* \cap N_{i_{\mathrm{bi}}} = \emptyset} p_{i_{\mathrm{bi}}}. \tag{3.3.7}$$

解 (S_f^*, σ_f^*) 在 LBFLwP 实例 $\mathcal{I}_{\mathrm{LFP}}$ 下的总开设费用和连接费用为

$$\sum_{i \in S_f^*} f_i' + \sum_{j \in \mathcal{D}} c_{\sigma_f^*(j)j}^f = \mathrm{OPT}_{\mathrm{GL}k\mathrm{F}}. \tag{3.3.8}$$

解 (S_f^*, σ_f^*) 在 LBFLwP 实例 $\mathcal{I}_{\mathrm{LFP}}$ 下的总惩罚费用为

$$\begin{aligned}
\sum_{i_{\mathrm{bi}} \in S_{\mathrm{bi}} : S_f^* \cap N_{i_{\mathrm{bi}}} = \emptyset} p_{i_{\mathrm{bi}}} &= \frac{2\alpha - 1}{2\alpha^2} \sum_{i_{\mathrm{bi}} \in S_{\mathrm{bi}} : S_f^* \cap N_{i_{\mathrm{bi}}} = \emptyset} n_{i_{\mathrm{bi}}} C_{i_{\mathrm{bi}}} \\
&= \frac{2\alpha - 1}{\alpha^2} \sum_{i_{\mathrm{bi}} \in S_{\mathrm{bi}} : S_f^* \cap N_{i_{\mathrm{bi}}} = \emptyset} n_{i_{\mathrm{bi}}} \frac{C_{i_{\mathrm{bi}}}}{2}.
\end{aligned} \tag{3.3.9}$$

对任意满足 $S_f^* \cap N_{i_{\mathrm{bi}}} = \emptyset$ 的设施 $i_{\mathrm{bi}} \in S_{\mathrm{bi}}$, 若顾客 j 有 $\sigma_{\mathrm{bi}}(j) = i_{\mathrm{bi}}$, 则 j 在指派 σ_f^* 下一定连接到某个 $N_{i_{\mathrm{bi}}}$ 之外的设施, 也就是有 $\sigma_f^*(j) \notin N_{i_{\mathrm{bi}}}$. 由函数 ψ 的定义, 可知 $\psi(\sigma_f^*(j))$ 也是在 $N_{i_{\mathrm{bi}}}$ 之外的设施. 因此, 对任意满足 $S_f^* \cap N_{i_{\mathrm{bi}}} = \emptyset$ 的设施 $i_{\mathrm{bi}} \in S_{\mathrm{bi}}$ 有

$$n_{i_{\mathrm{bi}}} \frac{C_{i_{\mathrm{bi}}}}{2} \leqslant \sum_{j \in \mathcal{D} : \sigma_{\mathrm{bi}}(j) = i_{\mathrm{bi}}} c_{\psi(\sigma_f^*(j))\sigma_{\mathrm{bi}}(j)} = \sum_{j \in \mathcal{D} : \sigma_{\mathrm{bi}}(j) = i_{\mathrm{bi}}} c_{\sigma_f^*(j)j}^f. \tag{3.3.10}$$

结合不等式 (3.3.8)~(3.3.10), 可得到

$$\sum_{i_{\mathrm{bi}} \in S_{\mathrm{bi}} : S_f^* \cap N_{i_{\mathrm{bi}}} = \emptyset} p_{i_{\mathrm{bi}}} = \frac{2\alpha - 1}{\alpha^2} \sum_{i_{\mathrm{bi}} \in S_{\mathrm{bi}} : S_f^* \cap N_{i_{\mathrm{bi}}} = \emptyset} n_{i_b} \frac{C_{i_{\mathrm{bi}}}}{2}$$

$$\leqslant \frac{2\alpha - 1}{\alpha^2} \sum_{i_{\mathrm{bi}} \in S_{\mathrm{bi}}: S_f^* \cap N_{i_{\mathrm{bi}}} = \varnothing} \left(\sum_{j \in \mathcal{D}: \sigma_{\mathrm{bi}}(j) = i_{\mathrm{bi}}} c_{\sigma_f^*(j)j}^f \right)$$

$$\leqslant \frac{2\alpha - 1}{\alpha^2} \sum_{j \in \mathcal{D}} c_{\sigma_f^*(j)j}^f$$

$$\leqslant \frac{2\alpha - 1}{\alpha^2} \mathrm{OPT}_{\mathrm{GL}k\mathrm{F}}. \tag{3.3.11}$$

结合不等式 (3.3.7)、(3.3.8) 和 (3.3.11), 本引理得证. □

算法 7 给出求解阶段, 本阶段通过调用可求解 LBFLwP 实例 $\mathcal{I}_{\mathrm{LFP}}$ 的目前最好的近似算法, 得到实例 $\mathcal{I}_{\mathrm{LFP}}$ 的可行解 (S_p, σ_p).

算法 7 求解 GLB k-median 的求解阶段

输入: LBFLwP实例 $\mathcal{I}_{\mathrm{LFP}} = (\mathcal{F}', \mathcal{D}, \{L_i\}_{i \in \mathcal{F}'}, \{f_i'\}_{i \in \mathcal{F}'}, \{c_{ij}^f\}_{i \in \mathcal{F}', j \in \mathcal{D}}, \{p_{i_{\mathrm{bi}}}\}_{i_{\mathrm{bi}} \in S_{\mathrm{bi}}})$.

输出: 实例 $\mathcal{I}_{\mathrm{LFP}}$ 的可行解 (S_p, σ_p).

步 1 求解 LBFLwP 实例 $\mathcal{I}_{\mathrm{LFP}}$ 得到解 (S_p, σ_p).

调用可求解 LBFLwP 实例 $\mathcal{I}_{\mathrm{LFP}}$ 的目前最好的 δ-近似算法, 得到实例 $\mathcal{I}_{\mathrm{LFP}}$ 的可行解 (S_p, σ_p), 其中 $\delta = 20$ (参见文献 [59]).

输出 可行解 (S_p, σ_p).

不失一般性, 假设解 (S_p, σ_p) 有以下性质, 这些性质是保证构造可行解阶段能构造出 GLB k-median 实例 $\mathcal{I}_{\mathrm{GL}km}$ 的可行解的关键所在.

性质①. 不存在任何设施 $i \in S_p$ 属于设施集合 $\mathcal{F} \setminus \bigcup_{i_{\mathrm{bi}} \in S_{\mathrm{bi}}} N_{i_{\mathrm{bi}}}$, 且对任意的设施 $i_{\mathrm{bi}} \in S_{\mathrm{bi}}$, 设施集合 $N_{i_{\mathrm{bi}}}$ 中至多包含一个 S_p 中的设施.

性质②. 对任意满足 $S_p \cap N_{i_{\mathrm{bi}}} \neq \varnothing$ 的设施 $i \in S_{\mathrm{bi}}$, 若顾客 j 有 $\sigma_{\mathrm{bi}}(j) = i_{\mathrm{bi}}$, 则顾客 j 在指派 σ_p 下一定连接到某个 S_p 中的设施.

下面分别给出解 (S_p, σ_p) 具有两个假设性质的说明.

性质 ① 的说明. 若存在某个设施 $i \in S_p$ 属于设施集合 $\mathcal{F} \setminus \bigcup_{i_{\mathrm{bi}} \in S_{\mathrm{bi}}} N_{i_{\mathrm{bi}}}$, 通过关闭设施 i 并改连所有在解 (S_p, σ_p) 下连接到 i 的顾客到虚拟设施 i_{un} 上, 可得到 LBFLwP 实例 $\mathcal{I}_{\mathrm{LFP}}$ 的新的可行解, 其目标值不超过可行解 (S_p, σ_p) 的目标值. 若存在某个设施 $i_{\mathrm{bi}} \in S_{\mathrm{bi}}$, 设施集合 $N_{i_{\mathrm{bi}}}$ 中包含超过一个 S_p 中的设施, 任意选取某个 $S_p \cap N_{i_{\mathrm{bi}}}$ 中的设施 i 进行开设. 通过将任意在解 (S_p, σ_p) 下连接

到 $S_p \cap N_{i_{\mathrm{bi}}} \setminus \{i\}$ 中某个设施上的顾客均改连到设施 i 上, 可得到 LBFLwP 实例 $\mathcal{I}_{\mathrm{LFP}}$ 的新的可行解, 其目标值仍不超过可行解 (S_p, σ_p) 的目标值.

性质 ② 的说明. 对任意满足 $S_p \cap N_{i_{\mathrm{bi}}} \neq \varnothing$ 的设施 $i \in S_{\mathrm{bi}}$, 如果存在某个满足 $\sigma_{\mathrm{bi}}(j) = i_{\mathrm{bi}}$ 的顾客 j 连接到虚拟设施 i_{un}, 通过改连 j 到 $S_p \cap N_{i_{\mathrm{bi}}}$ 中某个设施上, 可得到 LBFLwP 实例 $\mathcal{I}_{\mathrm{LFP}}$ 的新的可行解, 其目标值仍不超过可行解 (S_p, σ_p) 的目标值.

3.3.2　构造可行解阶段

算法 8 给出构造阶段, 本阶段主要分为两个步骤. 首先, 基于 LBFLwP 实例 $\mathcal{I}_{\mathrm{LFP}}$ 的可行解 (S_p, σ_p) 构造出 GLB k-FL 实例 $\mathcal{I}_{\mathrm{GL}k\mathrm{F}}$ 的可行解 (S_f, σ_f). 值得注意的是, 解 (S_p, σ_p) 的性质 ① 保证对任意的设施 $i_{\mathrm{bi}} \in S_{\mathrm{bi}}$ 有 $|S_p \cap N_{i_{\mathrm{bi}}}| \in \{0, 1\}$. 对任意的设施 $i_{\mathrm{bi}} \in S_{\mathrm{bi}}$, 若 $|S_p \cap N_{i_{\mathrm{bi}}}| = 1$, 称其为活跃的; 若 $|S_p \cap N_{i_{\mathrm{bi}}}| = 0$, 称其为非活跃的. 用 $S_{\mathrm{bi}}^{\mathrm{a}}$ 和 $S_{\mathrm{bi}}^{\mathrm{ina}}$ 分别表示活跃设施和非活跃设施集合. 由解 (S_p, σ_p) 的性质 ②, 可知对任意满足 $\sigma_{\mathrm{bi}}(j) \in S_{\mathrm{bi}}^{\mathrm{a}}$ 的顾客 j, 其在解 (S_p, σ_p) 下一定要被连接. 因此, 对任意满足 $\sigma_p(j) = i_{\mathrm{un}}$ 的顾客 j (即并未被真正连接的顾客), 有 $\sigma_{\mathrm{bi}}(j) \in S_{\mathrm{bi}}^{\mathrm{ina}}$. 所以, 构造 GLB k-FL 实例 $\mathcal{I}_{\mathrm{GL}k\mathrm{F}}$ 的可行解 (S_f, σ_f) 的过程可看作将任意满足 $\sigma_p(j) = i_{\mathrm{un}}$ 的顾客 j 进行真正连接的过程. 同时, 构造过程需保证所得解满足基数约束和下界约束. 然后, 基于 GLB k-FL 实例 $\mathcal{I}_{\mathrm{GL}k\mathrm{F}}$ 的可行解 (S_f, σ_f) 构造出 GLB k-median 实例 $\mathcal{I}_{\mathrm{GL}k m}$ 的可行解 (S, σ).

算法 8　求解 GLB k-median 的构造阶段

输入: 实例 $\mathcal{I}_{\mathrm{LFP}}$ 的可行解 (S_p, σ_p).

输出: 实例 $\mathcal{I}_{\mathrm{GL}k m}$ 的可行解 (S, σ).

步 1 基于实例 $\mathcal{I}_{\mathrm{LFP}}$ 的解 (S_p, σ_p), 构造 GLB k-FL 实例 $\mathcal{I}_{\mathrm{GL}k\mathrm{F}}$ 的解 (S_f, σ_f).

令 $S_f := S_p$. 对任意的顾客 $j \in \mathcal{D}$, 令 $\sigma_f(j) := \sigma_p(j)$. 定义

$$S_{\mathrm{bi}}^{\mathrm{a}} := \{i_{\mathrm{bi}} \in S_{\mathrm{bi}} : |S_p \cap N_{i_{\mathrm{bi}}}| = 1\} \text{ 和 } S_{\mathrm{bi}}^{\mathrm{ina}} := \{i_{\mathrm{bi}} \in S_{\mathrm{bi}} : |S_p \cap N_{i_{\mathrm{bi}}}| = 0\}.$$

对任意的设施 $i_{\mathrm{bi}} \in S_{\mathrm{bi}}^{\mathrm{ina}}$, 定义

$$p(i_{\mathrm{bi}}) := \arg \min_{i \in S_{\mathrm{bi}} \setminus \{i_{\mathrm{bi}}\}} c_{i_{\mathrm{bi}} i}^f = \arg \min_{i \in S_{\mathrm{bi}} \setminus \{i_{\mathrm{bi}}\}} c_{i_{\mathrm{bi}} i}.$$

构造有向图 $G = (V, A)$, 其中顶点集 $V = S_{\mathrm{bi}}$, 边集 $A = \{(i_{\mathrm{bi}}, p(i_{\mathrm{bi}})) : i_{\mathrm{bi}} \in S_{\mathrm{bi}}^{\mathrm{ina}}\}$. 图 G 可能有以下两种类型的连通分支, 称连通分支中最终被指向的点为根节点.

类型 1. 以 $S_{\mathrm{bi}}^{\mathrm{a}}$ 中某个点为根节点的树.

类型 2. 以 $S_{\mathrm{bi}}^{\mathrm{ina}}$ 中某两个点为根节点的树.

对任意的设施 $i_{\mathrm{bi}} \in S_{\mathrm{bi}}$, 令 $\mathcal{D}_{i_{\mathrm{bi}}} := \{j \in \mathcal{D} : \sigma_{\mathrm{bi}}(j) = i_{\mathrm{bi}}, \sigma_f(j) = i_{\mathrm{un}}\}$, 定义 $d_{i_{\mathrm{bi}}} := |\mathcal{D}_{i_{\mathrm{bi}}}|$. 定义 $R_{\mathrm{bi}} := \{i_{\mathrm{bi}} \in S_{\mathrm{bi}}^{\mathrm{ina}} : 0 < d_{i_{\mathrm{bi}}}\}$.

当 $R_{\mathrm{bi}} \neq \varnothing$ 时

任意选取 R_{bi} 中的某个设施 $i_{\mathrm{bi}}^{\mathrm{c}}$, 可能有以下两种情况.

情况 1. $i_{\mathrm{bi}}^{\mathrm{c}}$ 是某个类型 1 的树 T_1 上的点, T_1 的根节点为 $i_{\mathrm{bi}}^{r} \in S_{\mathrm{bi}}^{\mathrm{a}}$.

用 $V(T_1)$ 表示树 T_1 上的所有点. 对 $V(T_1)$ 中的所有点由下到上执行算法 9.

情况 2. $i_{\mathrm{bi}}^{\mathrm{c}}$ 是某个类型 2 的树 T_2 上的点, T_2 的根节点为 i_{bi}^{r}, $i_{\mathrm{bi}}^{r'} \in S_{\mathrm{bi}}^{\mathrm{ina}}$.

用 $V(T_2)$ 表示树 T_2 上的所有点. 假设 $L_{i_{\mathrm{bi}}^{r}} \leqslant L_{i_{\mathrm{bi}}^{r'}}$. 对 $V(T_2)$ 中的所有点由下到上执行算法 10.

得到 (S_f, σ_f).

步 2 基于实例 $\mathcal{I}_{\mathrm{GL}k\mathrm{F}}$ 的解 (S_f, σ_f), 构造 GLB k-median 实例 $\mathcal{I}_{\mathrm{GL}km}$ 的解 (S, σ).

令 $S := S_f$. 对任意的顾客 $j \in \mathcal{D}$, 令 $\sigma(j) := \sigma_f(j)$.

输出 (S, σ).

下面的引理说明 GLB k-FL 实例 $\mathcal{I}_{\mathrm{GL}k\mathrm{F}}$ 的解 (S_f, σ_f) 和 GLB k-median 实例 $\mathcal{I}_{\mathrm{GL}km}$ 的解 (S, σ) 的可行性, 并给出相应的可行解目标值上界估计.

算法 9 算法 8 的情况 1

情况 1. $i_{\mathrm{bi}}^{\mathrm{c}}$ 是某个类型 1 的树 T_1 上的点, T_1 的根节点为 $i_{\mathrm{bi}}^{\mathrm{r}} \in S_{\mathrm{bi}}^{\mathrm{a}}$.
用 $V(T_1)$ 表示树 T_1 上的所有点. 对 $V(T_1)$ 中的所有点由下到上按以下情况进行处理.

> **情况 1.1.** 若当前点 $i_{\mathrm{bi}} \in V(T_1) \setminus \{i_{\mathrm{bi}}^{\mathrm{r}}\}$, 并满足 $d_{i_{\mathrm{bi}}} \geqslant L_{i_{\mathrm{bi}}}$, 开设设施 i_{bi}, 并更新 $S_f := S_f \cup \{i_{\mathrm{bi}}\}$. 对任意的设施 $j \in \mathcal{D}_{i_{\mathrm{bi}}}$, 将其连接到设施 i_{bi} 上, 并更新 $\sigma_f(j) := i_{\mathrm{bi}}$. 更新 $\mathcal{D}_{i_{\mathrm{bi}}} := \varnothing$. 更新 $d_{i_{\mathrm{bi}}}$ 和 R_{bi}.

> **情况 1.2.** 若当前点 $i_{\mathrm{bi}} \in V(T_1) \setminus \{i_{\mathrm{bi}}^{\mathrm{r}}\}$, 并满足 $d_{i_{\mathrm{bi}}} < L_{i_{\mathrm{bi}}}$, 对任意的顾客 $j \in \mathcal{D}_{i_{\mathrm{bi}}}$, 将其由 i_{bi} 移动到 $p(i_{\mathrm{bi}})$, 并更新 $\mathcal{D}_{p(i_{\mathrm{bi}})} := \mathcal{D}_{p(i_{\mathrm{bi}})} \cup \mathcal{D}_{i_{\mathrm{bi}}}$, $\mathcal{D}_{i_{\mathrm{bi}}} := \varnothing$. 更新 $d_{p(i_{\mathrm{bi}})}$, $d_{i_{\mathrm{bi}}}$ 和 R_{bi}.

> **情况 1.3.** 若当前点 $i_{\mathrm{bi}} = i_{\mathrm{bi}}^{\mathrm{r}}$, 对任意的顾客 $j \in \mathcal{D}_{i_{\mathrm{bi}}}$, 将其连接到设施 $i \in N_{i_{\mathrm{bi}}^{\mathrm{r}}} \cap S_p$ 上, 并更新 $\sigma_f(j) := i$. 更新 $\mathcal{D}_{i_{\mathrm{bi}}} := \varnothing$. 更新 $d_{i_{\mathrm{bi}}}$ 和 R_{bi}.

算法 10 算法 8 的情况 2

情况 2. $i_{\mathrm{bi}}^{\mathrm{c}}$ 是某个类型 2 的树 T_2 上的点, T_2 的根节点为 $i_{\mathrm{bi}}^{\mathrm{r}}, i_{\mathrm{bi}}^{\mathrm{r}'} \in S_{\mathrm{bi}}^{\mathrm{ina}}$.
用 $V(T_2)$ 表示树 T_2 上的所有点. 假设 $L_{i_{\mathrm{bi}}^{\mathrm{r}}} \leqslant L_{i_{\mathrm{bi}}^{\mathrm{r}'}}$. 对 $V(T_2)$ 中的所有点由下到上按以下情况进行处理.

> **情况 2.1.** 若当前点 $i_{\mathrm{bi}} \in V(T_2) \setminus (\{i_{\mathrm{bi}}^{\mathrm{r}}\} \cup \{i_{\mathrm{bi}}^{\mathrm{r}'}\})$, 并满足 $d_{i_{\mathrm{bi}}} \geqslant L_{i_{\mathrm{bi}}}$, 按算法 9 中情况 1.1 的步骤执行.

> **情况 2.2.** 若当前点 $i_{\mathrm{bi}} \in V(T_2) \setminus (\{i_{\mathrm{bi}}^{\mathrm{r}}\} \cup \{i_{\mathrm{bi}}^{\mathrm{r}'}\})$, 并满足 $d_{i_{\mathrm{bi}}} < L_{i_{\mathrm{bi}}}$, 按算法 9 中情况 1.2 的步骤执行.

> **情况 2.3.** 考虑根节点 $i_{\mathrm{bi}}^{\mathrm{r}}$ 和 $i_{\mathrm{bi}}^{\mathrm{r}'}$.

> > **情况 2.3.1.** 若对 $i_{\mathrm{bi}}^{\mathrm{r}}$ 和 $i_{\mathrm{bi}}^{\mathrm{r}'}$ 有 $d_{i_{\mathrm{bi}}^{\mathrm{r}}} \geqslant L_{i_{\mathrm{bi}}^{\mathrm{r}}}$ 和 $d_{i_{\mathrm{bi}}^{\mathrm{r}'}} \geqslant L_{i_{\mathrm{bi}}^{\mathrm{r}'}}$, 开设设施 $i_{\mathrm{bi}}^{\mathrm{r}}$ 和 $i_{\mathrm{bi}}^{\mathrm{r}'}$, 并更新 $S_f := S_f \cup \{i_{\mathrm{bi}}^{\mathrm{r}}, i_{\mathrm{bi}}^{\mathrm{r}'}\}$. 对任意的顾客 $j \in \mathcal{D}_{i_{\mathrm{bi}}^{\mathrm{r}}}$, 将其连接到设施 $i_{\mathrm{bi}}^{\mathrm{r}}$ 上, 并更新 $\sigma_f(j) := i_{\mathrm{bi}}^{\mathrm{r}}$. 对任意的顾客 $j \in \mathcal{D}_{i_{\mathrm{bi}}^{\mathrm{r}'}}$, 将其连接到设施 $i_{\mathrm{bi}}^{\mathrm{r}'}$ 上, 并更新 $\sigma_f(j) := i_{\mathrm{bi}}^{\mathrm{r}'}$.

情况 2.3.2. 若对 i_{bi}^r 和 $i_{\mathrm{bi}}^{r'}$ 有 $d_{i_{\mathrm{bi}}^r} \geqslant L_{i_{\mathrm{bi}}^r}$ 和 $d_{i_{\mathrm{bi}}^{r'}} < L_{i_{\mathrm{bi}}^{r'}}$ (或 $d_{i_{\mathrm{bi}}^r} < L_{i_{\mathrm{bi}}^r}$ 和 $d_{i_{\mathrm{bi}}^{r'}} \geqslant L_{i_{\mathrm{bi}}^{r'}}$), 开设设施 i_{bi}^r (或 $i_{\mathrm{bi}}^{r'}$), 并更新 $S_f := S_f \cup \{i_{\mathrm{bi}}^r\}$ (或 $S_f := S_f \cup \{i_{\mathrm{bi}}^{r'}\}$). 对任意的顾客 $j \in \mathcal{D}_{i_{\mathrm{bi}}^r} \cup \mathcal{D}_{i_{\mathrm{bi}}^{r'}}$, 将其连接到设施 i_{bi}^r (或 $i_{\mathrm{bi}}^{r'}$) 上, 并更新 $\sigma_f(j) := i_{\mathrm{bi}}^r$ (或 $\sigma_f(j) := i_{\mathrm{bi}}^{r'}$).

情况 2.3.3. 若对 i_{bi}^r 和 $i_{\mathrm{bi}}^{r'}$ 有 $d_{i_{\mathrm{bi}}^r} < L_{i_{\mathrm{bi}}^r}$ 和 $d_{i_{\mathrm{bi}}^{r'}} < L_{i_{\mathrm{bi}}^{r'}}$, 同时 $d_{i_{\mathrm{bi}}^r} + d_{i_{\mathrm{bi}}^{r'}} \geqslant L_{i_{\mathrm{bi}}^r}$, 按本算法中情况 2.3.2 在 $d_{i_{\mathrm{bi}}^r} \geqslant L_{i_{\mathrm{bi}}^r}$ 和 $d_{i_{\mathrm{bi}}^{r'}} < L_{i_{\mathrm{bi}}^{r'}}$ 时的步骤执行.

情况 2.3.4. 若对 i_{bi}^r 和 $i_{\mathrm{bi}}^{r'}$ 有 $d_{i_{\mathrm{bi}}^r} + d_{i_{\mathrm{bi}}^{r'}} < L_{i_{\mathrm{bi}}^r}$, 找到设施 $i_{\mathrm{bi}}' := \arg\min_{i \in S_{\mathrm{bi}}^{\mathrm{a}}} C(i, \{i_{\mathrm{bi}}^r, i_{\mathrm{bi}}^{r'}\})$, 其中 $C(i, \{i_{\mathrm{bi}}^r, i_{\mathrm{bi}}^{r'}\}) = \min\{c_{ii_{\mathrm{bi}}^r}, c_{ii_{\mathrm{bi}}^{r'}}\}$. 对任意的顾客 $j \in \mathcal{D}_{i_{\mathrm{bi}}^r} \cup \mathcal{D}_{i_{\mathrm{bi}}^{r'}}$, 将其连接到设施 $i \in N_{i_{\mathrm{bi}}'} \cap S_p$ 上, 并更新 $\sigma_f(j) := i$.

更新 $\mathcal{D}_{i_{\mathrm{bi}}^r} = \mathcal{D}_{i_{\mathrm{bi}}^r} := \varnothing$. 更新 $d_{i_{\mathrm{bi}}^r}$, $d_{i_{\mathrm{bi}}^{r'}}$ 和 R_{bi}.

引理 3.3.3 解 (S_f, σ_f) 是 GLB k-FL 实例 $\mathcal{I}_{\mathrm{GLkF}}$ 的可行解, 其目标值不超过 LBFLwP 实例 $\mathcal{I}_{\mathrm{LFP}}$ 的可行解 (S_p, σ_p) 的目标值的 $\dfrac{2\alpha}{2\alpha - 1}$ 倍, 即

$$\sum_{i \in S_f} f_i' + \sum_{j \in \mathcal{D}} c_{\sigma_f(j)j}^f \leqslant \frac{2\alpha}{2\alpha - 1} \left(\sum_{i \in S_p} f_i' + \sum_{j \in \mathcal{D}} c_{\sigma_p(j)j}^f + \sum_{i_{\mathrm{bi}} \in S_{\mathrm{bi}} : S_p \cap N_{i_{\mathrm{bi}}} = \varnothing} p_{i_{\mathrm{bi}}} \right),$$

其中 $\alpha \in \left(\dfrac{1}{2}, 1\right)$.

证明 由算法 8, 可知设施集合 S_f 包含 S_p 中的设施以及 $S_{\mathrm{bi}}^{\mathrm{ina}}$ 中新开设的设施. 由解 (S_p, σ_p) 的性质 ①, 可得到 $|S_p| = |S_{\mathrm{bi}}^{\mathrm{a}}|$. 所以有,

$$|S_f| \leqslant |S_p| + |S_{\mathrm{bi}}^{\mathrm{ina}}| = |S_{\mathrm{bi}}^{\mathrm{a}}| + |S_{\mathrm{bi}}^{\mathrm{ina}}| = |S_{\mathrm{bi}}| \leqslant k.$$

因此, 解 (S_f, σ_f) 满足基数约束. 由算法 8 步 1 的构造过程, 不难看出, 解 (S_f, σ_f) 满足下界约束. 所以, 解 (S_f, σ_f) 是 GLB k-FL 实例 $\mathcal{I}_{\mathrm{GLkF}}$ 的可行解.

用 S_{new} 表示所有算法 8 步 1 中新开设的设施, 也就是, $S_{\mathrm{new}} = S_f \setminus S_p$. 对任意的设施 $i \in S_{\mathrm{new}}$ 有 $i \in S_{\mathrm{bi}}$, 所以 $f_i' := 0$. 因此,

$$\sum_{i \in S_f} f_i' = \sum_{i \in S_p} f_i' + \sum_{i \in S_{\mathrm{new}}} f_i' = \sum_{i \in S_p} f_i'. \tag{3.3.12}$$

下面分析算法 8 步 1 将在解 (S_p, σ_p) 下未被真正连接的顾客进行连接所产生的连接费用变化, 共有三类情况需要被考虑.

- **第一类情况.** 在情况 1.1、1.3、2.1 和 2.3.1 下, 增加的总连接费用为 0.
- **第二类情况.** 在情况 1.2、2.2、2.3.2 和 2.3.3 下, 增加的总连接费用不超过对任意的设施 $i_{\text{bi}} \in S_{\text{bi}}^{\text{ina}}$, 将 $L_{i_{\text{bi}}}$ 个顾客由设施 i_{bi} 移动到设施 $p(i_{\text{bi}})$ 所产生的连接费用求和.
- **第三类情况.** 在情况 2.3.4 下, 增加的总连接费用不超过将 $L_{i_{\text{bi}}^r}$ 个顾客连接到设施 $i \in N_{i_{\text{bi}}'} \cap S_p$ 所产生的连接费用, 其中 $i_{\text{bi}}' := \arg\min_{i \in S_{\text{bi}}^a} C(i, \{i_{\text{bi}}^r, i_{\text{bi}}^{r'}\})$.

由定理 3.2.2, 对任意的设施 $i_{\text{bi}} \in S_{\text{bi}}$ 有 $n_{i_{\text{bi}}} \geqslant \alpha L_{i_{\text{bi}}}$. 对任意第二类情况中的设施 $i_{\text{bi}} \in S_{\text{bi}}^{\text{ina}}$, 基于其增加的连接费用不超过

$$L_{i_{\text{bi}}} \cdot C_{i_{\text{bi}}} \leqslant \frac{n_{i_{\text{bi}}}}{\alpha} C_{i_{\text{bi}}}. \tag{3.3.13}$$

对任意第三类情况中的设施 i_{bi}^r 和 $i_{\text{bi}}^{r'}$ 有

$$d_{i_{\text{bi}}^r} + d_{i_{\text{bi}}^{r'}} < L_{i_{\text{bi}}^r} \quad \text{和} \quad n_{i_{\text{bi}}^r} + n_{i_{\text{bi}}^{r'}} \geqslant \alpha(L_{i_{\text{bi}}^r} + L_{i_{\text{bi}}^{r'}}) \geqslant 2\alpha L_{i_{\text{bi}}^r}.$$

因此, 在解 (S_p, σ_p) 下至少有 $(2\alpha-1)L_{i_{\text{bi}}^r}$ 个 (在连接费用在 c^f 下位于 i_{bi}^r 和 $i_{\text{bi}}^{r'}$ 的) 顾客是真正连接的. 所以有,

$$(2\alpha - 1)L_{i_{\text{bi}}^r} \cdot C(i_{\text{bi}}', \{i_{\text{bi}}^r, i_{\text{bi}}^{r'}\}) \leqslant \sum_{j \in \mathcal{D}: \sigma_{\text{bi}}(j) \in \{i_{\text{bi}}^r, i_{\text{bi}}^{r'}\}, \sigma_p(j) \neq i_{\text{un}}} c_{\sigma_p(j)j}^f.$$

对情况 2.3.4, 设施 $i \in N_{i_{\text{bi}}'} \cap S_p$ 与设施 i_{bi}' 在连接费用在 c^f 下时处于相同位置. 由以上不等式, 以及 $n_{i_{\text{bi}}^r} \geqslant \alpha L_{i_{\text{bi}}^r}$, 可知相应增加的连接费用不超过

$$L_{i_{\text{bi}}^r} \cdot \left(C(i_{\text{bi}}', \{i_{\text{bi}}^r, i_{\text{bi}}^{r'}\}) + C_{i_{\text{bi}}^r} \right)$$
$$\leqslant \frac{1}{2\alpha - 1} \sum_{j \in \mathcal{D}: \sigma_{\text{bi}}(j) \in \{i_{\text{bi}}^r, i_{\text{bi}}^{r'}\}, \sigma_p(j) \neq i_{\text{un}}} c_{\sigma_p(j)j}^f + \frac{n_{i_{\text{bi}}^r}}{\alpha} C_{i_{\text{bi}}^r}. \tag{3.3.14}$$

用 $\text{cost}(A)$ 表示算法 8 步 1 将在解 (S_p, σ_p) 下未被真正连接的顾客进行连接所增加的总连接费用. 结合不等式 (3.3.13) 和 (3.3.14), 可得到

$$\text{cost}(A) \leqslant \frac{1}{\alpha} \sum_{i_{\text{bi}} \in S_{\text{bi}}^{\text{ina}}} n_{i_{\text{bi}}} C_{i_{\text{bi}}} + \frac{1}{2\alpha - 1} \sum_{j \in \mathcal{D}: \sigma_p(j) \neq i_{\text{un}}} c_{\sigma_p(j)j}^f$$
$$\leqslant \frac{1}{\alpha} \sum_{i_{\text{bi}} \in S_{\text{bi}}^{\text{ina}}} n_{i_{\text{bi}}} C_{i_{\text{bi}}} + \frac{1}{2\alpha - 1} \sum_{j \in \mathcal{D}} c_{\sigma_p(j)j}^f$$

$$\begin{aligned}
&= \frac{2\alpha}{2\alpha-1} \cdot \frac{2\alpha-1}{2\alpha^2} \sum_{i_{\mathrm{bi}} \in S_{\mathrm{bi}}^{\mathrm{ina}}} n_{i_{\mathrm{bi}}} C_{i_{\mathrm{bi}}} + \frac{1}{2\alpha-1} \sum_{j \in \mathcal{D}} c_{\sigma_p(j)j}^f \\
&= \frac{2\alpha}{2\alpha-1} \cdot \frac{2\alpha-1}{2\alpha^2} \sum_{i_{\mathrm{bi}} \in S_{\mathrm{bi}}: S_p \cap N_{i_{\mathrm{bi}}} = \varnothing} n_{i_{\mathrm{bi}}} C_{i_{\mathrm{bi}}} + \frac{1}{2\alpha-1} \sum_{j \in \mathcal{D}} c_{\sigma_p(j)j}^f \\
&\leqslant \frac{2\alpha}{2\alpha-1} \sum_{i_{\mathrm{bi}} \in S_{\mathrm{bi}}: S_p \cap N_{i_{\mathrm{bi}}} = \varnothing} p_{i_{\mathrm{bi}}} + \frac{1}{2\alpha-1} \sum_{j \in \mathcal{D}} c_{\sigma_p(j)j}^f. \quad (3.3.15)
\end{aligned}$$

由不等式 (3.3.12) 和 (3.3.15), 可得到

$$\begin{aligned}
&\sum_{i \in S_f} f_i' + \sum_{j \in \mathcal{D}} c_{\sigma_f(j)j}^f \\
&\leqslant \sum_{i \in S_p} f_i' + \sum_{j \in \mathcal{D}} c_{\sigma_p(j)j}^f + \mathrm{cost}(A) \\
&\leqslant \sum_{i \in S_p} f_i' + \sum_{j \in \mathcal{D}} c_{\sigma_p(j)j}^f + \frac{2\alpha}{2\alpha-1} \sum_{i_{\mathrm{bi}} \in S_{\mathrm{bi}}: S_p \cap N_{i_{\mathrm{bi}}} = \varnothing} p_{i_{\mathrm{bi}}} + \frac{1}{2\alpha-1} \sum_{j \in \mathcal{D}} c_{\sigma_p(j)j}^f \\
&\leqslant \sum_{i \in S_p} f_i' + \frac{2\alpha}{2\alpha-1} \sum_{j \in \mathcal{D}} c_{\sigma_p(j)j}^f + \frac{2\alpha}{2\alpha-1} \sum_{i_{\mathrm{bi}} \in S_{\mathrm{bi}}: S_p \cap N_{i_{\mathrm{bi}}} = \varnothing} p_{i_{\mathrm{bi}}} \\
&\leqslant \frac{2\alpha}{2\alpha-1} \left(\sum_{i \in S_p} f_i' + \sum_{j \in \mathcal{D}} c_{\sigma_p(j)j}^f + \sum_{i_{\mathrm{bi}} \in S_{\mathrm{bi}}: S_p \cap N_{i_{\mathrm{bi}}} = \varnothing} p_{i_{\mathrm{bi}}} \right),
\end{aligned}$$

本引理得证. $\qquad\square$

值得注意的是, 引理 3.3.3 使得所选取参数 α 需满足 $\alpha > \dfrac{1}{2}$.

引理 3.3.4 解 (S, σ) 是 GLB k-median 实例 $\mathcal{I}_{\mathrm{GL}km}$ 的可行解, 其目标值不超过 $\dfrac{3}{2}$ 倍的解 (S_f, σ_f) 在 GLB k-FL 实例 $\mathcal{I}_{\mathrm{GL}kF}$ 下的目标值与解 $(S_{\mathrm{bi}}, \sigma_{\mathrm{bi}})$ 在 GLB k-median 实例 $\mathcal{I}_{\mathrm{GL}km}$ 的目标值求和, 即

$$\sum_{j \in \mathcal{D}} c_{\sigma(j)j} \leqslant \frac{3}{2} \left(\sum_{i \in S_f} f_i' + \sum_{j \in \mathcal{D}} c_{\sigma_f(j)j}^f \right) + \sum_{j \in \mathcal{D}} c_{\sigma_{\mathrm{bi}}(j)j}.$$

证明 由于 $S := S_f$, 且对任意的顾客 $j \in \mathcal{D}$, $\sigma(j) = \sigma_f(j)$, 所以解 (S, σ) 是 GLB k-FL 实例 $\mathcal{I}_{\mathrm{GL}kF}$ 的可行解. 又因为实例 $\mathcal{I}_{\mathrm{GL}kF}$ 与 GLB k-median 实例 $\mathcal{I}_{\mathrm{GL}km}$ 中设施集合 $\mathcal{F}$、顾客集合 $\mathcal{D}$ 和正整数 k 这三项输入相同, 所以解 (S, σ) 也是 GLB k-median 实例 $\mathcal{I}_{\mathrm{GL}km}$ 的可行解.

将顾客集合 $\mathcal{D}$ 划分为两个集合 $\mathcal{D}_{\text{in}}$ 和 $\mathcal{D}_{\text{e}}$，其中

$$\mathcal{D}_{\text{in}} := \{j \in \mathcal{D} : \psi(\sigma(j)) \neq \sigma_{\text{bi}}(j)\},$$

$$\mathcal{D}_{\text{e}} := \{j \in \mathcal{D} : \psi(\sigma(j)) = \sigma_{\text{bi}}(j)\}.$$

对任意的顾客 $j \in \mathcal{D}_{\text{in}}$ 有

$$\begin{aligned}
c_{\sigma(j)\sigma_{\text{bi}}(j)} &\leqslant c_{\sigma(j)\psi(\sigma(j))} + c_{\psi(\sigma(j))\sigma_{\text{bi}}(j)} \\
&\leqslant \frac{1}{2}c_{\psi(\sigma(j))\sigma_{\text{bi}}(j)} + c_{\psi(\sigma(j))\sigma_{\text{bi}}(j)} \\
&= \frac{3}{2}c_{\psi(\sigma(j))\sigma_{\text{bi}}(j)}.
\end{aligned} \tag{3.3.16}$$

对所有 $\mathcal{D}_{\text{e}}$ 中的顾客有

$$\begin{aligned}
\sum_{j \in \mathcal{D}_{\text{e}}} c_{\sigma(j)\sigma_{\text{bi}}(j)} &\leqslant \sum_{i_{\text{bi}} \in S_{\text{bi}}} \sum_{i \in S \cap N_{i_{\text{bi}}}} n_{i_{\text{bi}}} c_{i_{\text{bi}}i} \\
&\leqslant \frac{3}{2} \sum_{i_{\text{bi}} \in S_{\text{bi}}} \sum_{i \in S \cap N_{i_{\text{bi}}}} \frac{2}{3} n_{i_{\text{bi}}} c_{i_{\text{bi}}i} \\
&= \frac{3}{2} \sum_{i_{\text{bi}} \in S_{\text{bi}}} \sum_{i \in S \cap N_{i_{\text{bi}}}} f'_i \\
&\leqslant \frac{3}{2} \sum_{i \in S} f'_i.
\end{aligned} \tag{3.3.17}$$

结合不等式 (3.3.16) 和 (3.3.17)，可得到

$$\begin{aligned}
\sum_{j \in \mathcal{D}} c_{\sigma(j)j} &\leqslant \sum_{j \in \mathcal{D}} \left(c_{\sigma(j)\sigma_{\text{bi}}(j)} + c_{\sigma_{\text{bi}}(j)j} \right) \\
&= \sum_{j \in \mathcal{D}_{\text{in}}} c_{\sigma(j)\sigma_{\text{bi}}(j)} + \sum_{j \in \mathcal{D}_{\text{e}}} c_{\sigma(j)\sigma_{\text{bi}}(j)} + \sum_{j \in \mathcal{D}} c_{\sigma_{\text{bi}}(j)j} \\
&\leqslant \frac{3}{2} \left(\sum_{j \in \mathcal{D}} c_{\psi(\sigma(j))\sigma_{\text{bi}}(j)} + \sum_{i \in S} f'_i \right) + \sum_{j \in \mathcal{D}} c_{\sigma_{\text{bi}}(j)j} \\
&= \frac{3}{2} \left(\sum_{j \in \mathcal{D}} c_{\psi(\sigma_f(j))\sigma_{\text{bi}}(j)} + \sum_{i \in S_f} f'_i \right) + \sum_{j \in \mathcal{D}} c_{\sigma_{\text{bi}}(j)j} \\
&= \frac{3}{2} \left(\sum_{j \in \mathcal{D}} c^f_{\sigma_f(j)j} + \sum_{i \in S_f} f'_i \right) + \sum_{j \in \mathcal{D}} c_{\sigma_{\text{bi}}(j)j}.
\end{aligned}$$

本引理得证. $\qquad\qquad\square$

3.3.3 主体算法及其结论

算法 11 给出 GLB k-median 的 11 021-近似算法, 该算法主要分为三个步骤, 分别对应转化阶段、求解阶段和构造阶段.

算法 11   GLB k-median 的 11 021-近似算法

输入: GLB k-median 实例 $\mathcal{I}_{\mathrm{GL}km} = (\mathcal{F}, \mathcal{D}, k, \{L_i\}_{i \in \mathcal{F}}, \{c_{ij}\}_{i \in \mathcal{F}, j \in \mathcal{D}})$.

输出: 实例 $\mathcal{I}_{\mathrm{GL}km}$ **的可行解** (S, σ).

步 1 转化阶段: 基于 GLB k-median 实例 $\mathcal{I}_{\mathrm{GL}km}$ **构造 LBFLwP 实例** $\mathcal{I}_{\mathrm{LFP}}$.

      对 GLB k-median 实例 $\mathcal{I}_{\mathrm{GL}km}$ 执行算法 6 得到 LBFLwP 实例 $\mathcal{I}_{\mathrm{LFP}}$.

步 2 求解阶段: 求解 LBFLwP 实例 $\mathcal{I}_{\mathrm{LFP}}$ **得到解** (S_p, σ_p).

      对 LBFLwP 实例 $\mathcal{I}_{\mathrm{LFP}}$ 执行算法 7 得到实例 $\mathcal{I}_{\mathrm{LFP}}$ 的可行解 (S_p, σ_p).

步 3 构造阶段: 基于解 (S_p, σ_p), **构造 GLB k-median 实例** $\mathcal{I}_{\mathrm{GL}km}$ **的可行解** (S, σ).

      对 LBFLwP 实例 $\mathcal{I}_{\mathrm{LFP}}$ 的解 (S_p, σ_p) 执行算法 8 得到 GLB k-median 实例 $\mathcal{I}_{\mathrm{GL}km}$ 的可行解 (S, σ).

    输出 可行解 (S, σ).

下面的定理给出算法 11 的主要结论.

定理 3.3.5   算法 11 是 GLB k-median 的常数近似算法. 对任意的 GLB k-median 实例 $\mathcal{I}_{\mathrm{GL}km}$, 算法输出可行解 (S, σ), 即 (S, σ) 满足

$$|S| \leqslant k,$$

且对任意的设施 $i \in S$ 有

$$|\{j \in \mathcal{D} : \sigma(j) = i\}| \geqslant L_i.$$

同时, 可行解 (S, σ) 的目标值不超过实例 $\mathcal{I}_{\mathrm{GL}km}$ 最优解目标值的 11 021 倍, 即

$$\sum_{j \in \mathcal{D}} c_{\sigma(j)j} \leqslant 11\,021 \cdot \mathrm{OPT}_{\mathrm{GL}km}.$$

证明 结合引理 3.3.1 和 3.3.2, 可得到

$$\mathrm{OPT}_{\mathrm{LFP}} \leqslant \frac{8}{3}\left(1+\frac{1+\alpha}{1-\alpha}\rho\right)\cdot\left(1+\frac{2\alpha-1}{\alpha^2}\right)\cdot\mathrm{OPT}_{\mathrm{GL}km}. \tag{3.3.18}$$

由于解 (S_p,σ_p) 是 LBFLwP 实例 $\mathcal{I}_{\mathrm{LFP}}$ 的 δ-近似解, 所以有

$$\sum_{i\in S_p}f_i'+\sum_{j\in\mathcal{D}}c^f_{\sigma_p(j)j}+\sum_{i_b\in S_b:S_p\cap N_{i_b}=\varnothing}p_{i_b}\leqslant\delta\cdot\mathrm{OPT}_{\mathrm{LFP}}. \tag{3.3.19}$$

结合引理 3.3.3 和 3.3.4, 可得到

$$\sum_{j\in\mathcal{D}}c_{\sigma(j)j}$$

$$\leqslant\frac{3}{2}\left(\sum_{i\in S_f}f_i'+\sum_{j\in\mathcal{D}}c^f_{\sigma_f(j)j}\right)+\sum_{j\in\mathcal{D}}c_{\sigma_{\mathrm{bi}}(j)j}$$

$$\leqslant\frac{3}{2}\cdot\frac{2\alpha}{2\alpha-1}\left(\sum_{i\in S_p}f_i'+\sum_{j\in\mathcal{D}}c^f_{\sigma_p(j)j}+\sum_{i_{\mathrm{bi}}\in S_{\mathrm{bi}}:S_p\cap N_{i_{\mathrm{bi}}}=\varnothing}p_{i_{\mathrm{bi}}}\right)+\sum_{j\in\mathcal{D}}c_{\sigma_{\mathrm{bi}}(j)j}. \tag{3.3.20}$$

结合不等式 (3.3.18)~(3.3.20), 以及定理 3.2.2, 可得到

$$\sum_{j\in\mathcal{D}}c_{\sigma(j)j}\leqslant\frac{3}{2}\cdot\frac{2\alpha}{2\alpha-1}\cdot\delta\cdot\mathrm{OPT}_{\mathrm{LFP}}+\sum_{j\in\mathcal{D}}c_{\sigma_{\mathrm{bi}}(j)j}$$

$$\leqslant\frac{3}{2}\cdot\frac{2\alpha}{2\alpha-1}\cdot\delta\cdot\frac{8}{3}\left(1+\frac{1+\alpha}{1-\alpha}\rho\right)\cdot\left(1+\frac{2\alpha-1}{\alpha^2}\right)\cdot\mathrm{OPT}_{\mathrm{GL}km}+\sum_{j\in\mathcal{D}}c_{\sigma_{\mathrm{bi}}(j)j}$$

$$=\frac{8\delta\alpha}{2\alpha-1}\cdot\left(1+\frac{1+\alpha}{1-\alpha}\rho\right)\cdot\left(1+\frac{2\alpha-1}{\alpha^2}\right)\cdot\mathrm{OPT}_{\mathrm{GL}km}+\sum_{j\in\mathcal{D}}c_{\sigma_{\mathrm{bi}}(j)j}$$

$$=\left[\frac{8\delta\alpha}{2\alpha-1}\cdot\left(1+\frac{1+\alpha}{1-\alpha}\rho\right)\cdot\left(1+\frac{2\alpha-1}{\alpha^2}\right)+\frac{1+\alpha}{1-\alpha}\rho\right]\cdot\mathrm{OPT}_{\mathrm{GL}km}.$$

由 $\delta=20$, $\alpha\in\left(\frac{1}{2},1\right)$, $\rho=2+\sqrt{3}+\epsilon$, 可知当 $\alpha=\frac{33}{50}>\frac{1}{2}$ 时, 近似比不超过 11 021. $\qquad\square$

3.4 基于组合结构的近似算法

本节介绍 GLB k-median 的另一种常数近似算法, 算法所得解既满足基数约束又满足下界约束, 近似比为 12 006. 算法的主要思路来源于问题本身的组合结构, 类似 LB k-median 的 168-近似算法, 考虑将求解 GLB k-median 时需满足的基数约束和下界约束分开处理. 首先介绍广义的带下界约束的设施选址问题 (general lower-bounded facility location problem, 简记 GLBFL), 求解此问题是 12 006-近似算法中的重要步骤.

首先, 给出 GLBFL 的具体描述. 在 GLBFL 的实例 $\mathcal{I}_{\mathrm{GLF}}$ 中, 给定设施集合 $\mathcal{F}$ 和顾客集合 $\mathcal{D}$. 对任意的设施 $i \in \mathcal{F}$, 给定其非负下界 L_i. 对任意的 $i, j \in \mathcal{F} \cup \mathcal{D}$, 给定距离 d_{ij}. 假设距离是度量的. 开设设施 $i \in \mathcal{F}$ 产生开设费用 f_i. 连接顾客 $j \in \mathcal{D}$ 到设施 $i \in \mathcal{F}$ 产生连接费用 c_{ij}, 连接费用等于设施 i 与顾客 j 之间的距离 d_{ij}. 目标是开设若干设施, 连接每个顾客到某个开设的设施上, 使得每个开设设施 i 上所连接的顾客个数至少为 L_i 个, 同时设施的开设费用与顾客的连接费用之和达到最小.

在给出 GLBFL 的整数规划之前, 同样需要引入两类 0-1 变量 ($\{x_{ij}\}_{i \in \mathcal{F}, j \in \mathcal{D}}$, $\{y_i\}_{i \in \mathcal{F}}$) 来进行问题刻画. 变量 x_{ij} 刻画顾客 j 是否连接到设施 i 上, 取 1 表示连接, 取 0 表示未连接; 变量 y_i 刻画设施 i 是否被开设, 取 1 表示开设, 取 0 表示未开设. 下面给出 GLBFL 的整数规划:

$$\min \quad \sum_{i \in \mathcal{F}} f_i y_i + \sum_{i \in \mathcal{F}} \sum_{j \in \mathcal{D}} c_{ij} x_{ij} \tag{3.4.1}$$

$$\text{s. t.} \quad \sum_{i \in \mathcal{F}} x_{ij} = 1, \qquad \forall j \in \mathcal{D}, \tag{3.4.2}$$

$$x_{ij} \leqslant y_i, \qquad \forall i \in \mathcal{F}, j \in \mathcal{D}, \tag{3.4.3}$$

$$\sum_{j \in \mathcal{D}} x_{ij} \geqslant L_i y_i, \qquad \forall i \in \mathcal{F}, \tag{3.4.4}$$

$$x_{ij} \in \{0, 1\}, \qquad \forall i \in \mathcal{F}, j \in \mathcal{D}, \tag{3.4.5}$$

$$y_i \in \{0, 1\}, \qquad \forall i \in \mathcal{F}. \tag{3.4.6}$$

规划 (3.4.1)~(3.4.6) 与 GLB k-median 的整数规划 (3.1.1)~(3.1.7) 相比, 目标函数上增加了设施的开设费用之和, 约束上减少了基数约束.

对于 GLB k-median 和 GLBFL, 以下引理成立.

引理 3.4.1 由规划 (3.1.1)~(3.1.7) 和 (3.4.1)~(3.4.6) 可看出, 当给定的 GLB k-median 和 GLBFL 实例中设施集合 $\mathcal{F}$、顾客集合 $\mathcal{D}$ 和非负下界 $\{L_i\}_{i \in \mathcal{F}}$ 这三项输入相同时, 任意 GLB k-median 实例的可行解也是 GLBFL 实例的可行解.

类似地, 对于 GLB k-median 和 k-median, 以下引理成立.

引理 3.4.2 由规划 (3.1.1)~(3.1.7) 和 (2.4.1)~(2.4.6) 可看出, 当给定的 GLB k-median 和 k-median 实例中设施集合 $\mathcal{F}$、顾客集合 $\mathcal{D}$ 和正整数 k 这三项输入相同时, 任意 GLB k-median 实例的可行解也是 k-median 实例的可行解.

算法 12 给出 GLB k-median 的 12 006-近似算法, 算法主要分为五个步骤. 首先, 去除给定的 GLB k-median 实例 $\mathcal{I}_{\mathrm{GL}km}$ 中下界输入 $\{L_i\}_{i \in \mathcal{F}}$, 构造出 k-median 的实例 $\mathcal{I}_{km}$. 然后, 调用 k-median 目前最好的近似算法来求解实例 $\mathcal{I}_{km}$, 得到实例 $\mathcal{I}_{km}$ 的可行解 (S_{km}, σ_{km}). 类似地, 去除给定的 GLB k-median 实例 $\mathcal{I}_{\mathrm{GL}km}$ 中基数输入 k, 定义 $\mathcal{F}$ 中设施的开设费用, 构造出 GLBFL 的实例 $\mathcal{I}_{\mathrm{GLF}}$, 再调用 GLBFL 目前最好的近似算法来求解实例 $\mathcal{I}_{\mathrm{GLF}}$, 得到实例 $\mathcal{I}_{\mathrm{GLF}}$ 的可行解 $(S_{\mathrm{GLF}}, \sigma_{\mathrm{GLF}})$. 最后, 基于解 (S_{km}, σ_{km}) 满足基数约束和解 $(S_{\mathrm{GLF}}, \sigma_{\mathrm{GLF}})$ 满足下界约束的特性, 构造出实例 $\mathcal{I}_{\mathrm{L}km}$ 的可行解 (S, σ).

算法 12 GLB k-median 的 12 006-近似算法

输入: GLB k-median 实例 $\mathcal{I}_{\mathrm{GL}km} = (\mathcal{F}, \mathcal{D}, k, \{L_i\}_{i \in \mathcal{F}}, \{c_{ij}\}_{i \in \mathcal{F}, j \in \mathcal{D}})$.

输出: 实例 $\mathcal{I}_{\mathrm{GL}km}$ **的可行解** (S, σ).

步 1 基于 GLB k-median 实例 $\mathcal{I}_{\mathrm{GL}km}$ **构造 k-median 实例** $\mathcal{I}_{km}$.

对 GLB k-median 实例 $\mathcal{I}_{\mathrm{GL}km}$, 去除下界输入 $\{L_i\}_{i \in \mathcal{F}}$, 得到 k-median 实例 $\mathcal{I}_{km} = (\mathcal{F}, \mathcal{D}, k, \{c_{ij}\}_{i \in \mathcal{F}, j \in \mathcal{D}})$.

步 2 求解 k-median 实例 $\mathcal{I}_{km}$ **得到解** (S_{km}, σ_{km}).

调用 k-median 目前最好的 η-近似算法求解实例 $\mathcal{I}_{km}$, 得到实例 $\mathcal{I}_{km}$ 的可行解 (S_{km}, σ_{km}), 其中 $\eta = 2.670\,59$ (参见文献 [20]).

步 3 基于 GLB k-median 实例 $\mathcal{I}_{\mathrm{GL}km}$ **构造 GLBFL 实例** $\mathcal{I}_{\mathrm{GLF}}$.

对 GLB k-median 实例 $\mathcal{I}_{\mathrm{GL}km}$, 去除基数输入 k, 对任意的设施 $i \in \mathcal{F}$, 定义开设费用为

$$f_i := 0,$$

得到 GLBFL 实例 $\mathcal{I}_{\mathrm{GLF}} = (\mathcal{F}, \mathcal{D}, \{L_i\}_{i \in \mathcal{F}}, \{f_i\}_{i \in \mathcal{F}}, \{c_{ij}\}_{i \in \mathcal{F}, j \in \mathcal{D}})$.

步 4 求解 GLBFL 实例 $\mathcal{I}_{\mathrm{GLF}}$ 得到解 $(S_{\mathrm{GLF}}, \sigma_{\mathrm{GLF}})$.

调用 GLBFL 目前最好的 μ-近似算法求解实例 $\mathcal{I}_{\mathrm{GLF}}$, 得到实例 $\mathcal{I}_{\mathrm{GLF}}$ 的可行解 $(S_{\mathrm{GLF}}, \sigma_{\mathrm{GLF}})$, 其中 $\mu = 4\,000$ (参见文献 [59]).

步 5 基于解 (S_{km}, σ_{km}) 和 $(S_{\mathrm{GLF}}, \sigma_{\mathrm{GLF}})$, 构造实例 $\mathcal{I}_{\mathrm{GL}km}$ 的可行解 (S, σ).

令 $S := \varnothing$. 对任意的顾客 $j \in \mathcal{D}$, 令 $\sigma(j) := \sigma_{\mathrm{GLF}}(j)$. 令 $S_{\mathrm{re}} := S_{\mathrm{GLF}}$, $S_{\mathrm{c}} := \varnothing$.

当 $S_{\mathrm{re}} \neq \varnothing$ 时

任意选取 S_{re} 中的某个设施 i, 并找到 S_{km} 中距离 i 最近的设施 i_{c}, 即

$$i_{\mathrm{c}} := \arg \min_{i' \in S_{km}} c_{ii'}.$$

对设施 i, 定义 $\sigma_{\mathrm{c}}(i) = i_{\mathrm{c}}$. 更新 $S_{\mathrm{c}} := S_{\mathrm{c}} \cup \{i_{\mathrm{c}}\}$, $S_{\mathrm{re}} := S_{\mathrm{re}} \setminus \{i\}$. 对任意的当前连接到设施 i 的顾客 j, 更新 $\sigma(j) := i_{\mathrm{c}}$.

当 $S_{\mathrm{c}} \neq \varnothing$ 时

任意选取 S_{c} 中的某个设施 i_{c}, 并找到设施

$$i_{\mathrm{cc}} := \arg \min_{i \in S_{\mathrm{GLF}}: \sigma_{\mathrm{c}}(i) = i_{\mathrm{c}}} c_{i_{\mathrm{c}} i}.$$

更新 $S := S \cup \{i_{\mathrm{cc}}\}$, $S_{\mathrm{c}} := S_{\mathrm{c}} \setminus \{i_{\mathrm{c}}\}$. 对任意的当前连接到设施 i_{c} 的顾客 j, 更新 $\sigma(j) := i_{\mathrm{cc}}$.

输出 可行解 (S, σ).

仍用二元组 (S^*, σ^*) 表示 GLB k-median 实例 $\mathcal{I}_{\mathrm{GL}km}$ 的最优解, 用 $\mathrm{OPT}_{\mathrm{GL}km}$ 表示 GLB k-median 实例 $\mathcal{I}_{\mathrm{GL}km}$ 的最优解目标值. 类似地, 用 OPT_{km} 表示 k-median 实例 $\mathcal{I}_{km}$ 的最优解目标值; 用 $\mathrm{OPT}_{\mathrm{GLF}}$ 表示 GLBFL 实例 $\mathcal{I}_{\mathrm{GLF}}$ 的最优解目标值.

下面的定理给出算法 12 的主要结论.

定理 3.4.3　算法 12 是 GLB k-median 的常数近似算法. 对任意的 GLB k-median 实例 $\mathcal{I}_{\mathrm{GL}km}$, 算法输出可行解 (S,σ), 即 (S,σ) 满足

$$|S| \leqslant k,$$

且对任意的设施 $i \in S$ 有

$$|\{j \in \mathcal{D} : \sigma(j) = i\}| \geqslant L_i.$$

同时, 可行解 (S,σ) 的目标值不超过实例 $\mathcal{I}_{\mathrm{GL}km}$ 最优解目标值的 12 006 倍, 即

$$\sum_{j \in \mathcal{D}} c_{\sigma(j)j} \leqslant 12\,006 \cdot \mathrm{OPT}_{\mathrm{GL}km}.$$

由算法 12 步 5 可看出任意的设施 $i \in S$ 的选取方式如下: 先对任意的设施 $i \in S_{\mathrm{GLF}}$ 找到 S_{km} 中距离其最近的设施暂时加入设施集合 S_{c}, 然后对任意的设施 $i_{\mathrm{c}} \in S_{\mathrm{c}}$, 找到 S_{GLF} 中以其为最近设施的设施中距离 i_{c} 最近的设施加入设施集合 S, 所以有

$$|S| \leqslant |S_{km}| \leqslant k.$$

因此, 解 (S,σ) 满足基数约束. 对任意的设施 $i \in S$, 其在解 $(S_{\mathrm{GLF}},\sigma_{\mathrm{GLF}})$ 下所连接的顾客在解 (S,σ) 下仍连接到设施 i, 所以有

$$|j \in \mathcal{D} : \sigma(j) = i| \geqslant |j \in \mathcal{D} : \sigma_{\mathrm{GLF}}(j) = i| \geqslant L_i.$$

因此, 解 (S,σ) 满足下界约束. 此时不难看出, 解 (S,σ) 是 GLB k-median 实例 $\mathcal{I}_{\mathrm{GL}km}$ 的可行解. 下面将关注算法 12 的近似比分析. 为证明定理 3.4.3 中的近似比, 需要以下引理.

引理 3.4.4　对 GLB k-median 实例 $\mathcal{I}_{\mathrm{GL}km}$ 的算法所得可行解 (S,σ), 其目标值不超过 2 倍的解 (S_{km},σ_{km}) 在 k-median 实例 $\mathcal{I}_{km}$ 下的目标值与 3 倍的解 $(S_{\mathrm{GLF}},\sigma_{\mathrm{GLF}})$ 在 GLBFL 实例 $\mathcal{I}_{\mathrm{GLF}}$ 下的目标值求和, 即

$$\sum_{j \in \mathcal{D}} c_{\sigma(j)j} \leqslant 2 \sum_{j \in \mathcal{D}} c_{\sigma_{km}(j)j} + 3 \sum_{j \in \mathcal{D}} c_{\sigma_{\mathrm{GLF}}(j)j}$$

$$= 2 \sum_{j \in \mathcal{D}} c_{\sigma_{km}(j)j} + 3 \left(\sum_{i \in S_{\mathrm{GLF}}} f_i + \sum_{j \in \mathcal{D}} c_{\sigma_{\mathrm{GLF}}(j)j} \right).$$

证明　由算法 12 步 3, 对任意的设施 $i \in \mathcal{F}$ 定义开设费用为 $f_i = 0$, 又因为 $S_{\mathrm{GLF}} \subseteq \mathcal{F}$, 可得到

$$2 \sum_{j \in \mathcal{D}} c_{\sigma_{km}(j)j} + 3 \sum_{j \in \mathcal{D}} c_{\sigma_{\mathrm{GLF}}(j)j}$$

$$= 2 \sum_{j \in \mathcal{D}} c_{\sigma_{km}(j)j} + 3 \left(\sum_{i \in S_{\mathrm{GLF}}} f_i + \sum_{j \in \mathcal{D}} c_{\sigma_{\mathrm{GLF}}(j)j} \right). \tag{3.4.7}$$

对任意的顾客 $j \in \mathcal{D}$, 用 i_c^j 表示在 S_{km} 中距离 $\sigma_{\mathrm{GLF}}(j)$ 最近的设施, 用 i_{cc}^j 表示在 S_{GLF} 中以 i_c^j 为最近设施的设施中距离 i_c^j 最近的设施. 因此, 在解 (S, σ) 下顾客的连接费用之和满足

$$\sum_{j \in \mathcal{D}} c_{\sigma(j)j} = \sum_{j \in \mathcal{D}} c_{i_{cc}^j j}$$

$$\leqslant \sum_{j \in \mathcal{D}} \left(c_{i_{cc}^j i_c^j} + c_{i_c^j \sigma_{\mathrm{GLF}}(j)} + c_{\sigma_{\mathrm{GLF}}(j)j} \right)$$

$$\leqslant \sum_{j \in \mathcal{D}} \left(2c_{i_c^j \sigma_{\mathrm{GLF}}(j)} + c_{\sigma_{\mathrm{GLF}}(j)j} \right)$$

$$\leqslant \sum_{j \in \mathcal{D}} \left(2c_{\sigma_{km}(j)\sigma_{\mathrm{GLF}}(j)} + c_{\sigma_{\mathrm{GLF}}(j)j} \right)$$

$$\leqslant \sum_{j \in \mathcal{D}} \left(2c_{\sigma_{km}(j)j} + 3c_{\sigma_{\mathrm{GLF}}(j)j} \right)$$

$$= 2 \sum_{j \in \mathcal{D}} c_{\sigma_{km}(j)j} + 3 \sum_{j \in \mathcal{D}} c_{\sigma_{\mathrm{GLF}}(j)j}, \tag{3.4.8}$$

结合不等式 (3.4.7) 和 (3.4.8), 本引理得证. □

下面证明算法 12 的近似比. 由于解 (S_{km}, σ_{km}) 是 k-median 实例 $\mathcal{I}_{km}$ 的 η-近似解, 所以有

$$\sum_{j \in \mathcal{D}} c_{\sigma_{km}(j)j} \leqslant \eta \cdot \mathrm{OPT}_{km}. \tag{3.4.9}$$

由于解 $(S_{\mathrm{GLF}}, \sigma_{\mathrm{GLF}})$ 是 GLBFL 实例 $\mathcal{I}_{\mathrm{GLF}}$ 的 μ-近似解, 以及由算法 12 步 3, 对任意的设施 $i \in \mathcal{F}$ 定义开设费用为 $f_i = 0$, 所以有

$$\sum_{j\in\mathcal{D}} c_{\sigma_{\mathrm{GLF}}(j)j} = \sum_{i\in S_{\mathrm{GLF}}} f_i + \sum_{j\in\mathcal{D}} c_{\sigma_{\mathrm{GLF}}(j)j} \leqslant \mu\cdot\mathrm{OPT}_{\mathrm{GLF}}. \tag{3.4.10}$$

由不等式 (3.4.9) 和 (3.4.10), 以及引理 3.4.4, 可得到

$$\sum_{j\in\mathcal{D}} c_{\sigma(j)j} \leqslant 2\sum_{j\in\mathcal{D}} c_{\sigma_{km}(j)j} + 3\sum_{j\in\mathcal{D}} c_{\sigma_{\mathrm{GLF}}(j)j}$$

$$\leqslant 2\cdot\eta\cdot\mathrm{OPT}_{km} + 3\cdot\mu\cdot\mathrm{OPT}_{\mathrm{GLF}}. \tag{3.4.11}$$

因为引理 3.4.2, 可知 GLB k-median 实例 $\mathcal{I}_{\mathrm{GL}km}$ 的最优解也是 k-median 实例 $\mathcal{I}_{km}$ 的可行解, 所以有

$$\mathrm{OPT}_{km} \leqslant \mathrm{OPT}_{\mathrm{GL}km}. \tag{3.4.12}$$

因为引理 3.4.1, 可知 GLB k-median 实例 $\mathcal{I}_{\mathrm{GL}km}$ 的最优解也是 GLBFL 实例 $\mathcal{I}_{\mathrm{GLF}}$ 的可行解, 所以有

$$\mathrm{OPT}_{\mathrm{GLF}} \leqslant \mathrm{OPT}_{\mathrm{GL}km}. \tag{3.4.13}$$

结合不等式 (3.4.11)~(3.4.13), 可得到

$$\sum_{j\in\mathcal{D}} c_{\sigma(j)j} \leqslant (2\eta+3\mu)\cdot\mathrm{OPT}_{\mathrm{GL}km},$$

由 $\gamma = 82.6$, $\mu = 4\,000$, 可知近似比不超过 $12\,006$.

第 4 章 带下界约束的背包中位问题

本章主要介绍带下界约束的背包中位问题 (lower-bounded knapsack median problem, 简记 LB knapsack median) 的近似算法. 4.1 节给出问题的数学描述以及问题的整数规划. 4.2~4.4 节介绍用于求解此问题的几种近似算法. 4.2 节介绍双标准近似算法, 算法所得解近似满足下界要求. 4.3 节介绍基于归约过程的近似算法, 近似比为 2730. 4.4 节介绍基于组合结构的近似算法, 得到改进的近似比. 值得注意的是, 本章可看作对第 2 章中所有算法的推广应用, 将求解 LB k-median 的算法推广到求解其变形 LB knapsack median 上.

4.1 问 题 介 绍

本节给出 LB knapsack median 的具体问题描述. 在 LB knapsack median 的实例 $\mathcal{I}_{\mathrm{Lnm}}$ 中, 给定设施集合 $\mathcal{F}$、顾客集合 $\mathcal{D}$、非负预算 B 和非负下界 L. 对任意的设施 $i \in \mathcal{F}$, 给定非负权重 w_i. 对任意的 $i, j \in \mathcal{F} \cup \mathcal{D}$, 给定距离 d_{ij}. 假设距离是度量的, 即距离满足以下要求:

- 非负性: 对任意的 $i, j \in \mathcal{F} \cup \mathcal{D}$, 距离 $d_{ij} \geqslant 0$;
- 对称性: 对任意的 $i, j \in \mathcal{F} \cup \mathcal{D}$, 距离 $d_{ii} = 0, d_{ij} = d_{ji}$;
- 三角不等式: 对任意的 $h, i, j \in \mathcal{F} \cup \mathcal{D}$, 距离 $d_{ij} \leqslant d_{ih} + d_{hj}$.

连接顾客 $j \in \mathcal{D}$ 到设施 $i \in \mathcal{F}$ 产生连接费用 c_{ij}, 连接费用等于设施 i 与顾客 j 之间的距离 d_{ij}. 目标是开设若干设施, 连接每个顾客到某个开设的设施上, 使得

- 背包约束被满足: 开设设施的权重之和不超过预算 B;
- 下界约束被满足: 每个开设设施上所连接的顾客个数至少为 L 个;
- 所有顾客的连接费用之和达到最小.

在给出 LB knapsack median 的整数规划之前, 需要引入两类 0-1 变量 $(\{x_{ij}\}_{i \in \mathcal{F}, j \in \mathcal{D}}, \{y_i\}_{i \in \mathcal{F}})$ 来进行问题刻画.

- 变量 x_{ij} 刻画顾客 j 是否连接到设施 i 上, 取 1 表示连接, 取 0 表示未连接;
- 变量 y_i 刻画设施 i 是否被开设, 取 1 表示开设, 取 0 表示未开设.

下面给出 LB knapsack median 的整数规划:

$$\min \sum_{i\in\mathcal{F}}\sum_{j\in\mathcal{D}} c_{ij}x_{ij} \tag{4.1.1}$$

$$\text{s. t.} \quad \sum_{i\in\mathcal{F}} x_{ij} = 1, \qquad \forall j \in \mathcal{D}, \tag{4.1.2}$$

$$x_{ij} \leqslant y_i, \qquad \forall i \in \mathcal{F}, j \in \mathcal{D}, \tag{4.1.3}$$

$$\sum_{j\in\mathcal{D}} x_{ij} \geqslant L y_i, \qquad \forall i \in \mathcal{F}, \tag{4.1.4}$$

$$\sum_{i\in\mathcal{F}} w_i y_i \leqslant B, \tag{4.1.5}$$

$$x_{ij} \in \{0,1\}, \qquad \forall i \in \mathcal{F}, j \in \mathcal{D}, \tag{4.1.6}$$

$$y_i \in \{0,1\}, \qquad \forall i \in \mathcal{F}. \tag{4.1.7}$$

在规划 (4.1.1)~(4.1.7) 中, 目标函数 (4.1.1) 是所有顾客的连接费用之和; 约束 (4.1.2) 保证每个顾客 j 都要连接到某个设施上; 约束 (4.1.3) 保证如果存在某个顾客 j 连接到设施 i 上, 那么设施 i 一定要被开设; 约束 (4.1.4) 保证每个开设设施 i 上所连接的顾客个数至少为 L 个 (即满足下界约束); 约束 (4.1.5) 保证开设设施的权重之和不超过预算 B (即满足背包约束).

4.2　双标准近似算法

本节介绍 LB knapsack median 的双标准近似算法, 算法的主要思路类似 LB k-median 的双标准近似算法. 首先, 介绍背包设施选址问题 (knapsack facility location problem, 简记 knapsack FL), 求解此问题是双标准近似算法中的重要步骤.

在 knapsack FL 的实例 $\mathcal{I}_{\mathrm{nF}}$ 中, 给定设施集合 $\mathcal{F}$、顾客集合 $\mathcal{D}$ 和非负预算 B. 对任意的设施 $i \in \mathcal{F}$, 给定非负权重 w_i. 对任意的 $i, j \in \mathcal{F} \cup \mathcal{D}$, 给定距离 d_{ij}. 假设距离是度量的. 开设设施 $i \in \mathcal{F}$ 产生开设费用 f_i. 连接顾客 $j \in \mathcal{D}$ 到设施 $i \in \mathcal{F}$ 产生连接费用 c_{ij}, 连接费用等于设施 i 与顾客 j 之间的距离 d_{ij}. 目标是开设若干设施, 连接每个顾客到某个开设的设施上, 使得开设设施的权重之和不超过预算 B, 设施的开设费用与顾客的连接费用之和达到最小.

在给出 knapsack FL 的整数规划之前, 同样需要引入两类 0-1 变量 ($\{x_{ij}\}_{i\in\mathcal{F},j\in\mathcal{D}}$, $\{y_i\}_{i\in\mathcal{F}}$) 来进行问题刻画. 变量 x_{ij} 刻画顾客 j 是否连接到设施 i 上, 取 1 表示

连接, 取 0 表示未连接; 变量 y_i 刻画设施 i 是否被开设, 取 1 表示开设, 取 0 表示未开设. 下面给出 knapsack FL 的整数规划:

$$\min \quad \sum_{i \in \mathcal{F}} f_i y_i + \sum_{i \in \mathcal{F}} \sum_{j \in \mathcal{D}} c_{ij} x_{ij} \tag{4.2.1}$$

$$\text{s. t.} \quad \sum_{i \in \mathcal{F}} x_{ij} = 1, \qquad\qquad \forall j \in \mathcal{D}, \tag{4.2.2}$$

$$x_{ij} \leqslant y_i, \qquad\qquad \forall i \in \mathcal{F}, j \in \mathcal{D}, \tag{4.2.3}$$

$$\sum_{i \in \mathcal{F}} w_i y_i \leqslant B, \tag{4.2.4}$$

$$x_{ij} \in \{0, 1\}, \qquad\qquad \forall i \in \mathcal{F}, j \in \mathcal{D}, \tag{4.2.5}$$

$$y_i \in \{0, 1\}, \qquad\qquad \forall i \in \mathcal{F}. \tag{4.2.6}$$

规划 (4.2.1)~(4.2.6) 与 LB knapsack median 的整数规划 (4.1.1)~(4.1.7) 相比, 目标函数上增加了设施的开设费用之和, 约束上减少了下界约束.

对于 LB knapsack median 和 knapsack FL, 以下引理成立.

引理 4.2.1 由规划 (4.1.1)~(4.1.7) 和 (4.2.1)~(4.2.6) 可看出, 当给定的 LB knapsack median 和 knapsack FL 实例中设施集合 $\mathcal{F}$、顾客集合 $\mathcal{D}$、非负权重 $\{w_i\}_{i \in \mathcal{F}}$ 和非负预算 B 这四项输入相同时, 任意 LB knapsack median 实例的可行解也是 knapsack FL 实例的可行解.

引理 4.2.2 当 knapsack FL 实例中开设设施已确定, 每个顾客都会连接到开设设施中与其之间连接费用最小的设施上, 即连接到开设设施中距离其最近的设施上.

在介绍 LB knapsack median 的双标准近似算法之前, 给出以下定义. 对任意的设施 $i \in \mathcal{F}$, 用 $\mathcal{D}_i$ 表示距离设施 i 最近的 L 个顾客, 也就是与设施 i 之间连接费用最小的 L 个顾客. 用二元组 (S, σ) 表示 LB knapsack median 实例 $\mathcal{I}_{\text{Lnm}}$ 及其相关问题实例的解, 其中 $S \subseteq \mathcal{F}$ 表示解中开设设施集合, 指派 $\sigma : \mathcal{D} \to S$ 表示顾客集合 $\mathcal{D}$ 中顾客到开设设施集合 S 的连接情况. 对任意的顾客 $j \in \mathcal{D}$, 用 $\sigma(j)$ 表示顾客 j 在指派 σ 下所连接到的设施.

算法 13 给出 LB knapsack median 的双标准近似算法, 算法主要分为三个步骤. 首先, 选取参数 $\alpha \in (0, 1)$. 根据参数 α, 基于给定的 LB knapsack median 实例 $\mathcal{I}_{\text{Lnm}}$ 构造出相应的 knapsack FL 实例 $\mathcal{I}_{\text{nF}}$. 然后, 调用 knapsack FL 目前最好

算法 13　LB knapsack median 的双标准近似算法

输入: LB knapsack median 实例 $\mathcal{I}_{\text{Lnm}} = (\mathcal{F}, \mathcal{D}, B, L, \{w_i\}_{i \in \mathcal{F}}, \{c_{ij}\}_{i \in \mathcal{F}, j \in \mathcal{D}})$.

输出: 实例 $\mathcal{I}_{\text{Lnm}}$ **的双标准近似解** $(S_{\text{bi}}, \sigma_{\text{bi}})$.

步 1 基于 LB knapsack median 实例 $\mathcal{I}_{\text{Lnm}}$ **构造 knapsack FL 实例** $\mathcal{I}_{n\text{F}}$.

选取参数 $\alpha \in (0, 1)$. 对 LB knapsack median 实例 $\mathcal{I}_{\text{Lnm}}$, 去除下界输入 L, 对任意的设施 $i \in \mathcal{F}$, 定义开设费用为

$$f_i := \frac{2\alpha}{1-\alpha} \sum_{j \in \mathcal{D}_i} c_{ij},$$

得到 knapsack FL 实例 $\mathcal{I}_{n\text{F}} = (\mathcal{F}, \mathcal{D}, B, \{f_i\}_{i \in \mathcal{F}}, \{w_i\}_{i \in \mathcal{F}}, \{c_{ij}\}_{i \in \mathcal{F}, j \in \mathcal{D}})$.

步 2 求解 knapsack FL 实例 $\mathcal{I}_{n\text{F}}$ **得到解** $(S_{\text{mid}}, \sigma_{\text{mid}})$.

调用 knapsack FL 目前最好的 λ-近似算法求解实例 $\mathcal{I}_{n\text{F}}$, 得到实例 $\mathcal{I}_{n\text{F}}$ 的可行解 $(S_{\text{mid}}, \sigma_{\text{mid}})$, 其中 $\lambda = 17.46$ (参见文献 [29]).

步 3 构造 LB knapsack median 实例 $\mathcal{I}_{\text{Lnm}}$ **的双标准近似解** $(S_{\text{bi}}, \sigma_{\text{bi}})$.

步 3.1 初始化.

令 $S_{\text{bi}} := S_{\text{mid}}$. 对任意的顾客 $j \in \mathcal{D}$, 令 $\sigma_{\text{bi}}(j) := \sigma_{\text{mid}}(j)$. 对任意的设施 $i \in \mathcal{F}$, 定义 $T_i := \{j \in \mathcal{D} : \sigma_{\text{bi}}(j) = i\}$. 令 $n_i := |T_i|$. 定义 $S_{\text{re}} := \{i \in S_{\text{bi}} : n_i < \alpha L\}$.

步 3.2 关闭设施并重新连接顾客.

当 $S_{\text{re}} \neq \varnothing$ 时

任意选取 S_{re} 中的某个设施 i 进行关闭. 对任意的顾客 $j \in T_i$, 将其改连到 $S_{\text{bi}} \backslash \{i\}$ 中与其距离最近的设施 i_{clo} 上, 并更新 $\sigma_{\text{bi}}(j) := i_{\text{clo}}$. 更新 $S_{\text{bi}} := S_{\text{bi}} \backslash \{i\}$. 对任意的设施 $i \in \mathcal{F}$, 更新 T_i 和 n_i. 更新 S_{re}.

输出 双标准近似解 $(S_{\text{bi}}, \sigma_{\text{bi}})$.

的近似算法来求解实例 $\mathcal{I}_{k\text{F}}$, 得到解 $(S_{\text{mid}}, \sigma_{\text{mid}})$. 虽然解 $(S_{\text{mid}}, \sigma_{\text{mid}})$ 并不是实例 $\mathcal{I}_{\text{Lnm}}$ 的双标准近似解, 但是类似算法 1 和算法 5, 仍可在其基础上进行设施的关闭以及顾客的改连, 从而得到最终的双标准近似解. 算法 13 可看作对算法 1 的

推广应用.

用二元组 (S^*, σ^*) 表示 LB knapsack median 实例 $\mathcal{I}_{\text{Lnm}}$ 的最优解, 其中 $S^* \subseteq \mathcal{F}$ 表示最优解中开设设施集合, 指派 $\sigma^* : \mathcal{D} \to S^*$ 表示顾客集合 $\mathcal{D}$ 中顾客到最优开设设施集合 S^* 的连接情况. 对任意的顾客 $j \in \mathcal{D}$, 用 $\sigma^*(j)$ 表示顾客 j 在指派 σ^* 下所连接到的设施. 用 OPT_{Lnm} 表示 LB knapsack median 实例 $\mathcal{I}_{\text{Lnm}}$ 的最优解目标值, 即

$$\text{OPT}_{\text{Lnm}} = \sum_{j \in \mathcal{D}} c_{\sigma^*(j)j}.$$

类似地, 用 OPT_{nF} 表示 knapsack FL 实例 $\mathcal{I}_{\text{nF}}$ 的最优解目标值.

下面的定理给出算法 13 的主要结论.

定理 4.2.3 算法 13 是 LB knapsack median 的双标准近似算法. 对任意的 LB knapsack median 实例 $\mathcal{I}_{\text{Lnm}}$, 算法输出双标准近似解 $(S_{\text{bi}}, \sigma_{\text{bi}})$, 即 $(S_{\text{bi}}, \sigma_{\text{bi}})$ 满足

$$\sum_{i \in S_{\text{bi}}} w_i \leqslant B,$$

且对任意的设施 $i \in S_{\text{bi}}$ 有

$$|\{j \in \mathcal{D} : \sigma_{\text{bi}}(j) = i\}| \geqslant \alpha L.$$

同时, 双标准近似解 $(S_{\text{bi}}, \sigma_{\text{bi}})$ 的目标值不超过实例 $\mathcal{I}_{\text{Lnm}}$ 最优解目标值的 $\dfrac{1+\alpha}{1-\alpha} \lambda$ 倍, 即

$$\sum_{j \in \mathcal{D}} c_{\sigma_{\text{bi}}(j)j} \leqslant \frac{1+\alpha}{1-\alpha} \lambda \cdot \text{OPT}_{\text{Lnm}},$$

其中 $\alpha \in (0, 1)$, $\lambda = 17.46$.

不难看出, 算法 13 步 2 保证了所得解满足背包约束. 算法 13 步 3 结束时, 对任意的设施 $i \in S_{\text{bi}}$, 均有

$$|\{j \in \mathcal{D} : \sigma_{\text{bi}}(j) = i\}| = n_i \geqslant \alpha L.$$

故步 3 保证了所得解近似满足下界约束. 下面将关注算法 13 的近似比分析. 为证明定理 4.2.3 中的近似比, 需要以下引理.

引理 4.2.4 对 knapsack FL 实例 $\mathcal{I}_{\text{nF}}$ 的可行解 $(S_{\text{mid}}, \sigma_{\text{mid}})$, 其目标值不

超过 LB knapsack median 实例 $\mathcal{I}_{\mathrm{Lnm}}$ 最优解目标值的 $\dfrac{1+\alpha}{1-\alpha}\lambda$ 倍, 即

$$\sum_{i\in S_{\mathrm{mid}}} f_i + \sum_{j\in\mathcal{D}} c_{\sigma_{\mathrm{mid}}(j)j} \leqslant \frac{1+\alpha}{1-\alpha}\lambda \cdot \mathrm{OPT}_{\mathrm{Lnm}},$$

其中 $\alpha \in (0,1)$, $\lambda = 17.46$.

引理 4.2.5 对 LB knapsack median 实例 $\mathcal{I}_{\mathrm{Lnm}}$ 的算法所得双标准近似解 $(S_{\mathrm{bi}}, \sigma_{\mathrm{bi}})$, 其目标值不超过 knapsack FL 实例 $\mathcal{I}_{\mathrm{nF}}$ 的可行解 $(S_{\mathrm{mid}}, \sigma_{\mathrm{mid}})$ 的目标值, 即

$$\sum_{j\in\mathcal{D}} c_{\sigma_{\mathrm{bi}}(j)j} \leqslant \sum_{i\in S_{\mathrm{mid}}} f_i + \sum_{j\in\mathcal{D}} c_{\sigma_{\mathrm{mid}}(j)j}.$$

由于引理 4.2.4 和 4.2.5 的证明过程与引理 2.2.4 和 2.2.5 的证明过程类似, 此处省略. 结合引理 4.2.4 和 4.2.5, 定理 4.2.3 中的近似比得证.

4.3 基于归约过程的近似算法

本节介绍 LB knapsack median 的常数近似算法, 算法所得解既满足背包约束又满足下界约束, 近似比为 2 730. 算法的主要思路基于归约过程, 类似 LB k-median 的 610-近似算法, 同样将求解 LB knapsack median 归约为求解 SLBFL, 本质上仍是求解结构更特殊的 LBFL.

对于 LB knapsack median 和 LBFL, 以下引理成立.

引理 4.3.1 由规划 (4.1.1)~(4.1.7) 和 (2.3.1)~(2.3.6) 可看出, 当给定的 LB knapsack median 和 LBFL 实例中设施集合 $\mathcal{F}$、顾客集合 $\mathcal{D}$ 和下界 L 这三项输入相同时, 任意 LB knapsack median 实例的可行解也是 LBFL 实例的可行解.

算法 14 给出 LB knapsack median 的 2 730-近似算法, 算法主要分为三个步骤. 首先, 调用算法 13 得到给定的 LB knapsack median 实例 $\mathcal{I}_{\mathrm{Lnm}}$ 的双标准近似解 $(S_{\mathrm{bi}}, \sigma_{\mathrm{bi}})$. 调用算法 13 时需使得所选取参数 $\alpha \in \left(\dfrac{1}{2}, 1\right)$. 然后, 基于解 $(S_{\mathrm{bi}}, \sigma_{\mathrm{bi}})$, 构造出新的 LB knapsack median 实例 $\mathcal{I}_2(\alpha)$. 通过观察可发现新实例 $\mathcal{I}_2(\alpha)$ 也可看作 SLBFL 实例 $\mathcal{I}_{\mathrm{SLF}}$. 最后, 调用 SLBFL 目前最好的近似算法来求解实例 $\mathcal{I}_{\mathrm{SLF}}$, 得到实例 $\mathcal{I}_{\mathrm{SLF}}$ 的可行解 (S, σ), 此解同时也是 LB knapsack median 实例 $\mathcal{I}_{\mathrm{Lnm}}$ 的可行解. 值得注意的是, 算法 14 步 3 需调用 SLBFL 目前最好的 $g(\alpha)$-近似算法, 当 $\alpha > \dfrac{1}{2}$ 时, 有 $g(\alpha) = \dfrac{2}{\alpha} + \dfrac{2\alpha}{2\alpha-1} + 2\sqrt{\dfrac{2}{\alpha^2} + \dfrac{4}{2\alpha-1}} > 0$. 算法 14 可看作对算法 2 的推广应用.

算法 14 LB knapsack median 的 2730-近似算法

输入: LB knapsack median 实例 $\mathcal{I}_{\mathrm{Lnm}} = (\mathcal{F}, \mathcal{D}, B, L, \{w_i\}_{i \in \mathcal{F}}, \{c_{ij}\}_{i \in \mathcal{F}, j \in \mathcal{D}})$.

输出: 实例 $\mathcal{I}_{\mathrm{Lnm}}$ **的可行解** (S, σ).

步 1 求解 LB knapsack median 实例 $\mathcal{I}_{\mathrm{Lnm}}$ **得到双标准近似解** $(S_{\mathrm{bi}}, \sigma_{\mathrm{bi}})$.

调用算法 13 来求解 LB knapsack median 实例 $\mathcal{I}_{\mathrm{Lnm}}$, 同时保证调用算法时选取的参数 $\alpha \in \left(\dfrac{1}{2}, 1\right)$, 得到实例 $\mathcal{I}_{\mathrm{Lnm}}$ 的双标准近似解 $(S_{\mathrm{bi}}, \sigma_{\mathrm{bi}})$.

步 2 基于双标准近似解 $(S_{\mathrm{bi}}, \sigma_{\mathrm{bi}})$, **由实例** $\mathcal{I}_{\mathrm{Lnm}}$ **构造新的 LB knapsack median 实例** $\mathcal{I}_2(\alpha)$.

基于实例 $\mathcal{I}_{\mathrm{Lnm}}$ 与其双标准近似解 $(S_{\mathrm{bi}}, \sigma_{\mathrm{bi}})$, 构造新的 LB knapsack median 实例 $\mathcal{I}_2(\alpha) = (\mathcal{F}_2, \mathcal{D}, B, L, \{w_i\}_{i \in \mathcal{F}_2}, \{c'_{ij}\}_{i \in \mathcal{F}_2, j \in \mathcal{D}})$, 其中 $\mathcal{F}_2 = S_{\mathrm{bi}}$, 对任意的设施 $i \in \mathcal{F}_2$ 和顾客 $j \in \mathcal{D}$ 有 $c'_{ij} = c_{i\sigma_{\mathrm{bi}}(j)}$. 由于

$$\sum_{i \in \mathcal{F}_2} w_i = \sum_{i \in S_{\mathrm{bi}}} w_i \leqslant B,$$

实例 $\mathcal{I}_2(\alpha)$ 已经满足背包约束, 去除预算输入 B 和权重输入 $\{w_i\}_{i \in \mathcal{F}_2}$, 对任意的设施 $i \in S_{\mathrm{bi}}$ 定义开设费用为

$$f'_i := 0,$$

得到 SLBFL 实例 $\mathcal{I}_{\mathrm{SLF}} = (S_{\mathrm{bi}}, \mathcal{D}, L, \{f'_i\}_{i \in S_{\mathrm{bi}}}, \{c'_{ij}\}_{i \in S_{\mathrm{bi}}, j \in \mathcal{D}})$.

步 3 求解 SLBFL 实例 $\mathcal{I}_{\mathrm{SLF}}$ **得到 LB knapsack median 实例** $\mathcal{I}_{\mathrm{Lnm}}$ **的可行解** (S, σ).

调用 SLBFL 目前最好的 $g(\alpha)$-近似算法求解实例 $\mathcal{I}_{\mathrm{SLF}}$, 得到实例 $\mathcal{I}_{\mathrm{SLF}}$ 的可行解 (S, σ), 其中 $g(\alpha) = \dfrac{2}{\alpha} + \dfrac{2\alpha}{2\alpha - 1} + 2\sqrt{\dfrac{2}{\alpha^2} + \dfrac{4}{2\alpha - 1}}$ (参见文献 [58]).

输出 可行解 (S, σ).

仍用二元组 (S^*, σ^*) 表示 LB knapsack median 实例 $\mathcal{I}_{\mathrm{Lnm}}$ 的最优解, 用 $\mathrm{OPT}_{\mathrm{Lnm}}$ 表示 LB knapsack median 实例 $\mathcal{I}_{\mathrm{Lnm}}$ 的最优解目标值. 类似地, 用

$\text{OPT}_{\text{Lnm}}(\alpha)$ 表示新的 LB knapsack median 实例 $\mathcal{I}_2(\alpha)$ 的最优解目标值; 仍用 OPT_{SLF} 表示 SLBFL 实例 $\mathcal{I}_{\text{SLF}}$ 的最优解目标值. 值得注意的是, LB knapsack median 实例 $\mathcal{I}_2(\alpha)$ 的最优解目标值与 SLBFL 实例 $\mathcal{I}_{\text{SLF}}$ 的最优解目标值相等, 即

$$\text{OPT}_{\text{Lnm}}(\alpha) = \text{OPT}_{\text{SLF}}.$$

下面的定理给出算法 14 的主要结论.

定理 4.3.2 算法 14 是 LB knapsack median 的常数近似算法. 对任意的 LB knapsack median 实例 $\mathcal{I}_{\text{Lnm}}$, 算法输出可行解 (S, σ), 即 (S, σ) 满足

$$\sum_{i \in S} w_i \leqslant B,$$

且对任意的设施 $i \in S$ 有

$$|\{j \in \mathcal{D} : \sigma(j) = i\}| \geqslant L.$$

同时, 可行解 (S, σ) 的目标值不超过实例 $\mathcal{I}_{\text{Lnm}}$ 最优解目标值的 2 730 倍, 即

$$\sum_{j \in \mathcal{D}} c_{\sigma(j)j} \leqslant 2\,730 \cdot \text{OPT}_{\text{Lnm}}.$$

不难看出, 算法 14 步 1 保证了所得解满足背包约束, 算法 14 步 3 保证了所得解满足下界约束. 下面将关注算法 14 的近似比分析. 为证明定理 4.3.2 中的近似比, 需要以下引理.

引理 4.3.3 对 SLBFL 实例 $\mathcal{I}_{\text{SLF}}$ 的最优解, 其目标值不超过 LB knapsack median 实例 $\mathcal{I}_{\text{Lnm}}$ 最优解目标值的 $2\left(\dfrac{1+\alpha}{1-\alpha}\lambda + 1\right)$ 倍, 即

$$\text{OPT}_{\text{SLF}} \leqslant 2\left(\frac{1+\alpha}{1-\alpha}\lambda + 1\right) \cdot \text{OPT}_{\text{Lnm}},$$

其中 $\alpha \in \left(\dfrac{1}{2}, 1\right)$, $\lambda = 17.46$.

引理 4.3.4 对 LB knapsack median 实例 $\mathcal{I}_{\text{Lnm}}$ 的算法所得可行解 (S, σ), 其目标值不超过解 (S, σ) 在 SLBFL 实例 $\mathcal{I}_{\text{SLF}}$ 下的目标值与解 $(S_{\text{bi}}, \sigma_{\text{bi}})$ 在 LB knapsack median 实例 $\mathcal{I}_{\text{Lnm}}$ 下的目标值求和, 即

$$\sum_{j \in \mathcal{D}} c_{\sigma(j)j} \leqslant \sum_{j \in \mathcal{D}} c'_{\sigma(j)j} + \sum_{j \in \mathcal{D}} c_{\sigma_{\text{bi}}(j)j} = \sum_{i \in S} f'_i + \sum_{j \in \mathcal{D}} c'_{\sigma(j)j} + \sum_{j \in \mathcal{D}} c_{\sigma_{\text{bi}}(j)j}.$$

由于引理 4.3.3 和 4.3.4 的证明过程与引理 2.3.3 和 2.3.4 的证明过程类似, 此处省略. 下面证明算法 14 的近似比. 由于解 (S, σ) 是 SLBFL 实例 $\mathcal{I}_{\mathrm{SLF}}$ 的 $g(\alpha)$-近似解, 可得到

$$\sum_{j \in \mathcal{D}} c'_{\sigma(j)j} \leqslant g(\alpha) \cdot \mathrm{OPT}_{\mathrm{SLF}}.$$

由定理 4.2.3、引理 4.3.3 和 4.3.4, 以及以上不等式, 可得到

$$\sum_{j \in \mathcal{D}} c_{\sigma(j)j} \leqslant \sum_{j \in \mathcal{D}} c'_{\sigma(j)j} + \sum_{j \in \mathcal{D}} c_{\sigma_{\mathrm{bi}}(j)j}$$

$$\leqslant g(\alpha) \cdot \mathrm{OPT}_{\mathrm{SLF}} + \sum_{j \in \mathcal{D}} c_{\sigma_{\mathrm{bi}}(j)j}$$

$$\leqslant g(\alpha) \cdot 2 \left(\frac{1+\alpha}{1-\alpha} \lambda + 1 \right) \mathrm{OPT}_{\mathrm{Lnm}} + \frac{1+\alpha}{1-\alpha} \lambda \cdot \mathrm{OPT}_{\mathrm{Lnm}}$$

$$= \left[(2g(\alpha) + 1) \frac{1+\alpha}{1-\alpha} \lambda + 2g(\alpha) \right] \cdot \mathrm{OPT}_{\mathrm{Lnm}}.$$

由 $\alpha \in \left(\frac{1}{2}, 1 \right)$, $g(\alpha) = \frac{2}{\alpha} + \frac{2\alpha}{2\alpha-1} + 2\sqrt{\frac{2}{\alpha^2} + \frac{4}{2\alpha-1}}$ 和 $\lambda = 17.46$, 可知当 $\lambda = \frac{16}{25}$ 时, 近似比不超过 2 730.

4.4　基于组合结构的近似算法

本节介绍 LB knapsack median 的两个改进的近似算法, 近似比分别为 751 和 173. 算法的主要思路来源于问题本身的组合结构, 类似 LB k-median 的 386 和 168-近似算法, 考虑将求解 LB knapsack median 时需满足的背包约束和下界约束分开处理.

首先, 给出背包中位问题 (knapsack median problem, 简记 knapsack median) 的具体描述, 基于组合结构的算法需调用 knapsack median 目前最好的近似算法. 在 knapsack median 的实例 $\mathcal{I}_{\mathrm{nm}}$ 中, 给定设施集合 $\mathcal{F}$、顾客集合 $\mathcal{D}$ 和非负预算 B. 对任意的设施 $i \in \mathcal{F}$, 给定非负权重 w_i. 对任意的 $i, j \in \mathcal{F} \cup \mathcal{D}$, 给定距离 d_{ij}. 假设距离是度量的. 连接顾客 $j \in \mathcal{D}$ 到设施 $i \in \mathcal{F}$ 产生连接费用 c_{ij}, 连接费用等于设施 i 与顾客 j 之间的距离 d_{ij}. 目标是开设若干设施, 连接每个顾客到某个开设的设施上, 使得开设设施的权重之和不超过预算 B, 所有顾客的连接费用之和达到最小.

在给出 knapsack median 的整数规划之前, 同样需要引入两类 0-1 变量 $(\{x_{ij}\}_{i\in\mathcal{F}, j\in\mathcal{D}}, \{y_i\}_{i\in\mathcal{F}})$ 来进行问题刻画. 变量 x_{ij} 刻画顾客 j 是否连接到设施 i 上, 取 1 表示连接, 取 0 表示未连接; 变量 y_i 刻画设施 i 是否被开设, 取 1 表示开设, 取 0 表示未开设. 下面给出 knapsack median 的整数规划:

$$\min \quad \sum_{i\in\mathcal{F}}\sum_{j\in\mathcal{D}} c_{ij} x_{ij} \tag{4.4.1}$$

$$\text{s. t.} \quad \sum_{i\in\mathcal{F}} x_{ij} = 1, \qquad\qquad \forall j \in \mathcal{D}, \tag{4.4.2}$$

$$x_{ij} \leqslant y_i, \qquad\qquad \forall i \in \mathcal{F}, j \in \mathcal{D}, \tag{4.4.3}$$

$$\sum_{i\in\mathcal{F}} w_i y_i \leqslant B, \qquad\qquad \tag{4.4.4}$$

$$x_{ij} \in \{0,1\}, \qquad\qquad \forall i \in \mathcal{F}, j \in \mathcal{D}, \tag{4.4.5}$$

$$y_i \in \{0,1\}, \qquad\qquad \forall i \in \mathcal{F}. \tag{4.4.6}$$

规划 (4.4.1)~(4.4.6) 与 LB knapsack median 的整数规划 (4.1.1)~(4.1.7) 相比, 约束上减少了下界约束.

对于 LB knapsack median 和 knapsack median, 以下引理成立.

引理 4.4.1　由规划 (4.1.1)~(4.1.7) 和 (4.4.1)-(4.4.6) 可看出, 当给定的 LB knapsack median 和 knapsack median 实例中设施集合 $\mathcal{F}$、顾客集合 $\mathcal{D}$、非负权重 $\{w_i\}_{i\in\mathcal{F}}$ 和非负预算 B 这四项输入相同时, 任意 LB knapsack median 实例的可行解也是 knapsack median 实例的可行解.

4.4.1　751-近似算法

算法 15 给出 LB knapsack median 的 751-近似算法, 算法主要分为四个步骤. 首先, 去除给定的 LB knapsack median 实例 $\mathcal{I}_{\text{L}km}$ 中下界输入 L, 构造出 knapsack median 的实例 $\mathcal{I}_{\text{nm}}$. 然后, 调用 knapsack median 目前最好的近似算法来求解实例 $\mathcal{I}_{\text{nm}}$, 得到实例 $\mathcal{I}_{\text{nm}}$ 的可行解 $(S_{\text{mid}}, \sigma_{\text{mid}})$. 最后, 基于解 $(S_{\text{mid}}, \sigma_{\text{mid}})$, 构造出 LBFL 实例 $\mathcal{I}_{\text{LF}}$. 调用 LBFL 目前最好的近似算法来求解实例 $\mathcal{I}_{\text{LF}}$, 得到实例 $\mathcal{I}_{\text{LF}}$ 的可行解 (S, σ), 此解同时也是 LB knapsack median 实例 $\mathcal{I}_{\text{L}nm}$ 的可行解. 算法 15 可看作对算法 3 的推广应用.

算法 15   LB knapsack median 的 751-近似算法

输入: LB knapsack median 实例 $\mathcal{I}_{\mathrm{Lnm}} = (\mathcal{F}, \mathcal{D}, B, L, \{w_i\}_{i \in \mathcal{F}}, \{c_{ij}\}_{i \in \mathcal{F}, j \in \mathcal{D}})$.

输出: 实例 $\mathcal{I}_{\mathrm{Lnm}}$ **的可行解** (S, σ).

步 1 基于 LB knapsack median 实例 $\mathcal{I}_{\mathrm{Lnm}}$ **构造 knapsack median 实例** $\mathcal{I}_{\mathrm{nm}}$.

对 LB knapsack median 实例 $\mathcal{I}_{\mathrm{Lnm}}$, 去除下界输入 L, 得到 knapsack median 实例 $\mathcal{I}_{\mathrm{nm}} = (\mathcal{F}, \mathcal{D}, B, \{w_i\}_{i \in \mathcal{F}}, \{c_{ij}\}_{i \in \mathcal{F}, j \in \mathcal{D}})$.

步 2 求解 knapsack median 实例 $\mathcal{I}_{\mathrm{nm}}$ **得到解** $(S_{\mathrm{mid}}, \sigma_{\mathrm{mid}})$.

调用 knapsack median 目前最好的 ν-近似算法求解实例 $\mathcal{I}_{\mathrm{nm}}$, 得到实例 $\mathcal{I}_{\mathrm{nm}}$ 的可行解 $(S_{\mathrm{mid}}, \sigma_{\mathrm{mid}})$, 其中 $\nu = 7.081(1 + \epsilon)$ (参见文献 [30]).

步 3 基于解 $(S_{\mathrm{mid}}, \sigma_{\mathrm{mid}})$, **由实例** $\mathcal{I}_{\mathrm{Lnm}}$ **构造 LBFL 实例** $\mathcal{I}_{\mathrm{LF}}$.

基于实例 $\mathcal{I}_{\mathrm{Lnm}}$ 与解 $(S_{\mathrm{mid}}, \sigma_{\mathrm{mid}})$, 去除预算输入 B 和权重输入 $\{w_i\}_{i \in \mathcal{F}}$, 对任意的设施 $i \in S_{\mathrm{mid}}$, 定义开设费用为

$$f_i := 0,$$

得到 LBFL 实例 $\mathcal{I}_{\mathrm{LF}} = (\mathcal{F}_2, \mathcal{D}, L, \{f_i\}_{i \in \mathcal{F}_2}, \{c_{ij}\}_{i \in \mathcal{F}_2, j \in \mathcal{D}})$, 其中 $\mathcal{F}_2 = S_{\mathrm{mid}}$.

步 4 求解 LBFL 实例 $\mathcal{I}_{\mathrm{LF}}$ **得到 LB knapsack median 实例** $\mathcal{I}_{\mathrm{Lnm}}$ **的可行解** (S, σ).

调用 LBFL 目前最好的 γ-近似算法求解实例 $\mathcal{I}_{\mathrm{LF}}$, 得到实例 $\mathcal{I}_{\mathrm{LF}}$ 的可行解 (S, σ), 其中 $\gamma = 82.6$ (参见文献 [58]).

输出 可行解 (S, σ).

仍用二元组 (S^*, σ^*) 表示 LB knapsack median 实例 $\mathcal{I}_{\mathrm{Lnm}}$ 的最优解, 用 $\mathrm{OPT}_{\mathrm{Lnm}}$ 表示 LB knapsack median 实例 $\mathcal{I}_{\mathrm{Lnm}}$ 的最优解目标值. 类似地, 用 $\mathrm{OPT}_{\mathrm{nm}}$ 表示 knapsack median 实例 $\mathcal{I}_{\mathrm{nm}}$ 的最优解目标值; 仍用 $\mathrm{OPT}_{\mathrm{LF}}$ 表示 LBFL 实例 $\mathcal{I}_{\mathrm{LF}}$ 的最优解目标值.

下面的定理给出算法 15 的主要结论.

定理 4.4.2　算法 15 是 LB knapsack median 的常数近似算法. 对任意的 LB knapsack median 实例 $\mathcal{I}_{\mathrm{Lnm}}$, 算法输出可行解 (S, σ), 即 (S, σ) 满足

$$\sum_{i \in S} w_i \leqslant B,$$

且对任意的设施 $i \in S$ 有

$$|\{j \in \mathcal{D} : \sigma(j) = i\}| \geqslant L.$$

同时, 可行解 (S, σ) 的目标值不超过实例 $\mathcal{I}_{\mathrm{Lnm}}$ 最优解目标值的 751 倍, 即

$$\sum_{j \in \mathcal{D}} c_{\sigma(j)j} \leqslant 751 \cdot \mathrm{OPT}_{\mathrm{Lnm}}.$$

不难看出, 算法 15 步 2 和步 4 保证了所得解满足背包约束和下界约束. 下面将关注算法 15 的近似比分析. 为证明定理 4.4.2 中的近似比, 需要以下引理.

引理 4.4.3　对 LBFL 实例 $\mathcal{I}_{\mathrm{LF}}$ 的最优解, 其目标值不超过 LB knapsack median 实例 $\mathcal{I}_{\mathrm{Lnm}}$ 最优解目标值的 $(\nu + 2)$ 倍, 即

$$\mathrm{OPT}_{\mathrm{LF}} \leqslant (\nu + 2) \cdot \mathrm{OPT}_{\mathrm{Lnm}},$$

其中 $\nu = 7.081(1 + \epsilon)$.

引理 4.4.4　对 LB knapsack median 实例 $\mathcal{I}_{\mathrm{Lnm}}$ 的算法所得可行解 (S, σ), 其目标值等于解 (S, σ) 在 LBFL 实例 $\mathcal{I}_{\mathrm{LF}}$ 下的目标值, 即

$$\sum_{j \in \mathcal{D}} c_{\sigma(j)j} = \sum_{i \in S} f_i + \sum_{j \in \mathcal{D}} c_{\sigma(j)j}.$$

由于引理 4.4.3 和 4.4.4 的证明过程与引理 2.4.3 和 2.4.4 的证明过程类似, 此处省略. 下面证明算法 15 的近似比. 由于解 (S, σ) 是 LBFL 实例 $\mathcal{I}_{\mathrm{LF}}$ 的 γ-近似解, 结合引理 4.4.4, 可得到

$$\sum_{j \in \mathcal{D}} c_{\sigma(j)j} \leqslant \gamma \cdot \mathrm{OPT}_{\mathrm{LF}}.$$

由引理 4.4.3 和以上不等式, 可得到

$$\sum_{j \in \mathcal{D}} c_{\sigma(j)j} \leqslant \gamma \cdot (\nu + 2) \cdot \mathrm{OPT}_{\mathrm{Lnm}}.$$

由 $\gamma = 82.6$, $\nu = 7.081(1 + \epsilon)$, 可知近似比不超过 751.

4.4.2 173-近似算法

算法 16 给出 LB knapsack median 的 173-近似算法, 算法主要分为五个步骤. 首先, 去除给定的 LB knapsack median 实例 $\mathcal{I}_{\mathrm{Lnm}}$ 中下界输入 L, 构造出 knapsack median 的实例 $\mathcal{I}_{\mathrm{nm}}$. 然后, 调用 knapsack median 目前最好的近似算法来求解实例 $\mathcal{I}_{\mathrm{nm}}$, 得到实例 $\mathcal{I}_{\mathrm{nm}}$ 的可行解 $(S_{\mathrm{nm}}, \sigma_{\mathrm{nm}})$. 类似地, 去除给定的 LB knapsack median 实例 $\mathcal{I}_{\mathrm{Lnm}}$ 中预算输入 B 和权重输入 $\{w_i\}_{i\in\mathcal{F}}$, 定义 $\mathcal{F}$ 中设施的开设费用, 构造出 LBFL 的实例 $\mathcal{I}_{\mathrm{LF}}$. 调用 LBFL 目前最好的近似算法来求解实例 $\mathcal{I}_{\mathrm{LF}}$, 得到实例 $\mathcal{I}_{\mathrm{LF}}$ 的可行解 $(S_{\mathrm{LF}}, \sigma_{\mathrm{LF}})$. 最后, 基于解 $(S_{\mathrm{nm}}, \sigma_{\mathrm{nm}})$ 满足背包约束和解 $(S_{\mathrm{LF}}, \sigma_{\mathrm{LF}})$ 满足下界约束的特性, 构造出实例 $\mathcal{I}_{\mathrm{Lnm}}$ 的可行解 (S, σ). 算法 16 可看作对算法 4 的推广应用.

算法 16 LB knapsack median 的 173-近似算法

输入: LB knapsack median 实例 $\mathcal{I}_{\mathrm{Lnm}} = (\mathcal{F}, \mathcal{D}, B, L, \{w_i\}_{i\in\mathcal{F}}, \{c_{ij}\}_{i\in\mathcal{F}, j\in\mathcal{D}})$.

输出: 实例 $\mathcal{I}_{\mathrm{Lnm}}$ 的可行解 (S, σ).

步 1 基于 LB knapsack median 实例 $\mathcal{I}_{\mathrm{Lnm}}$ 构造 knapsack median 实例 $\mathcal{I}_{\mathrm{nm}}$.

对 LB knapsack median 实例 $\mathcal{I}_{\mathrm{Lnm}}$, 去除下界输入 L, 得到 knapsack median 实例 $\mathcal{I}_{\mathrm{nm}} = (\mathcal{F}, \mathcal{D}, B, \{w_i\}_{i\in\mathcal{F}}, \{c_{ij}\}_{i\in\mathcal{F}, j\in\mathcal{D}})$.

步 2 求解 knapsack median 实例 $\mathcal{I}_{\mathrm{nm}}$ 得到解 $(S_{\mathrm{nm}}, \sigma_{\mathrm{nm}})$.

调用 knapsack median 目前最好的 ν-近似算法求解实例 $\mathcal{I}_{\mathrm{nm}}$, 得到实例 $\mathcal{I}_{\mathrm{nm}}$ 的可行解 $(S_{\mathrm{nm}}, \sigma_{\mathrm{nm}})$, 其中 $\nu = 7.081(1 + \epsilon)$ (参见文献 [30]).

步 3 基于 LB knapsack median 实例 $\mathcal{I}_{\mathrm{Lnm}}$ 构造 LBFL 实例 $\mathcal{I}_{\mathrm{LF}}$.

对 LB knapsack median 实例 $\mathcal{I}_{\mathrm{Lnm}}$, 去除预算输入 B 和权重输入 $\{w_i\}_{i\in\mathcal{F}}$, 对任意的设施 $i \in \mathcal{F}$, 定义开设费用为

$$f_i := 0,$$

得到 LBFL 实例 $\mathcal{I}_{\mathrm{LF}} = (\mathcal{F}, \mathcal{D}, L, \{f_i\}_{i\in\mathcal{F}}, \{c_{ij}\}_{i\in\mathcal{F}, j\in\mathcal{D}})$.

步 4 求解 LBFL 实例 $\mathcal{I}_{\mathrm{LF}}$ 得到解 $(S_{\mathrm{LF}}, \sigma_{\mathrm{LF}})$.

调用 LBFL 目前最好的 γ-近似算法求解实例 $\mathcal{I}_{\mathrm{LF}}$, 得到实例 $\mathcal{I}_{\mathrm{LF}}$ 的可行解 $(S_{\mathrm{LF}}, \sigma_{\mathrm{LF}})$, 其中 $\gamma = 82.6$ (参见文献 [58]).

步 5 基于解 (S_{nm}, σ_{nm}) 和 (S_{LF}, σ_{LF}), 构造 LB knapsack median 实例 $\mathcal{I}_{Lnm}$ 的可行解 (S, σ).

步 5.1 初始化.

令 $S := \varnothing$. 对任意的顾客 $j \in \mathcal{D}$, 令 $\sigma(j) := \sigma_{LF}(j)$. 令 $S_{re} := S_{LF}$.

步 5.2 构造 LB knapsack median 实例 $\mathcal{I}_{Lnm}$ 的可行解 (S, σ).

当 $S_{re} \neq \varnothing$ 时

任意选取 S_{re} 中的某个设施 i, 并找到 S_{nm} 中距离 i 最近的设施 i_c, 即

$$i_c := \arg \min_{i' \in S_{nm}} c_{ii'}.$$

更新 $S := S \cup \{i_c\}$, $S_{re} := S_{re} \setminus \{i\}$. 对任意的当前连接到设施 i 的顾客 j (即满足 $\sigma_{LF}(j) = i$ 的顾客), 将其改连到设施 i_c 上, 并更新 $\sigma(j) := i_c$.

输出 可行解 (S, σ).

下面的定理给出算法 16 的主要结论.

定理 4.4.5 算法 16 是 LB knapsack median 的常数近似算法. 对任意的 LB knapsack median 实例 $\mathcal{I}_{Lnm}$, 算法输出可行解 (S, σ), 即 (S, σ) 满足

$$\sum_{i \in S} w_i \leqslant B,$$

且对任意的设施 $i \in S$ 有

$$|\{j \in \mathcal{D} : \sigma(j) = i\}| \geqslant L.$$

同时, 可行解 (S, σ) 的目标值不超过实例 $\mathcal{I}_{Lnm}$ 最优解目标值的 173 倍, 即

$$\sum_{j \in \mathcal{D}} c_{\sigma(j)j} \leqslant 173 \cdot \mathrm{OPT}_{Lnm}.$$

由算法 16 步 5.2, 可看出任意的设施 $i \in S$ 均是通过选取 S_{nm} 中的设施得到的, 所以有

$$\sum_{i \in S} w_i \leqslant \sum_{i \in S_{nm}} w_i \leqslant B.$$

因此, 解 (S, σ) 满足背包约束. 对任意的设施 $i \in S$, 由于至少存在某个设施 $i_{\mathrm{LF}} \in S_{\mathrm{LF}}$ 将其在解 $(S_{\mathrm{LF}}, \sigma_{\mathrm{LF}})$ 下所连接的顾客在解 (S, σ) 下均连接到设施 i, 所以有

$$|j \in \mathcal{D} : \sigma(j) = i| \geqslant |j \in \mathcal{D} : \sigma_{\mathrm{LF}}(j) = i_{\mathrm{LF}}| \geqslant L.$$

因此, 解 (S, σ) 满足下界约束. 此时不难看出, 解 (S, σ) 是 LB knapsack median 实例 $\mathcal{I}_{\mathrm{Lnm}}$ 的可行解. 下面将关注算法 16 的近似比分析. 为证明定理 4.4.5 中的近似比, 需要以下引理.

引理 4.4.6 对 LB knapsack median 实例 $\mathcal{I}_{\mathrm{Lnm}}$ 的算法所得可行解 (S, σ), 其目标值不超过解 $(S_{\mathrm{nm}}, \sigma_{\mathrm{nm}})$ 在 knapsack median 实例 $\mathcal{I}_{\mathrm{nm}}$ 下的目标值与 2 倍的解 $(S_{\mathrm{LF}}, \sigma_{\mathrm{LF}})$ 在 LBFL 实例 $\mathcal{I}_{\mathrm{LF}}$ 下的目标值求和, 即

$$\sum_{j \in \mathcal{D}} c_{\sigma(j)j} \leqslant \sum_{j \in \mathcal{D}} c_{\sigma_{\mathrm{nm}}(j)j} + 2 \sum_{j \in \mathcal{D}} c_{\sigma_{\mathrm{LF}}(j)j}$$

$$= \sum_{j \in \mathcal{D}} c_{\sigma_{\mathrm{nm}}(j)j} + 2 \left(\sum_{i \in S_{\mathrm{LF}}} f_i + \sum_{j \in \mathcal{D}} c_{\sigma_{\mathrm{LF}}(j)j} \right).$$

由于引理 4.4.6 的证明过程与引理 2.4.6 的证明过程类似, 此处省略. 下面证明算法 16 的近似比. 由于解 $(S_{\mathrm{nm}}, \sigma_{\mathrm{nm}})$ 是 knapsack median 实例 $\mathcal{I}_{\mathrm{nm}}$ 的 ν-近似解, 所以有

$$\sum_{j \in \mathcal{D}} c_{\sigma_{\mathrm{nm}}(j)j} \leqslant \nu \cdot \mathrm{OPT}_{\mathrm{nm}}. \tag{4.4.7}$$

由于解 $(S_{\mathrm{LF}}, \sigma_{\mathrm{LF}})$ 是 LBFL 实例 $\mathcal{I}_{\mathrm{LF}}$ 的 γ-近似解, 所以有

$$\sum_{i \in S_{\mathrm{LF}}} f_i + \sum_{j \in \mathcal{D}} c_{\sigma_{\mathrm{LF}}(j)j} \leqslant \gamma \cdot \mathrm{OPT}_{\mathrm{LF}}. \tag{4.4.8}$$

由不等式 (4.4.7) 和 (4.4.8), 以及引理 4.4.6, 可得到

$$\sum_{j \in \mathcal{D}} c_{\sigma(j)j} \leqslant \sum_{j \in \mathcal{D}} c_{\sigma_{\mathrm{nm}}(j)j} + 2 \left(\sum_{i \in S_{\mathrm{LF}}} f_i + \sum_{j \in \mathcal{D}} c_{\sigma_{\mathrm{LF}}(j)j} \right)$$

$$\leqslant \nu \cdot \mathrm{OPT}_{\mathrm{nm}} + 2 \cdot \gamma \cdot \mathrm{OPT}_{\mathrm{LF}}. \tag{4.4.9}$$

因为引理 4.4.1, 可知 LB knapsack median 实例 $\mathcal{I}_{\mathrm{Lnm}}$ 的最优解也是 knapsack median 实例 $\mathcal{I}_{\mathrm{nm}}$ 的可行解, 所以有

$$\text{OPT}_{\text{nm}} \leqslant \text{OPT}_{\text{Lnm}}. \tag{4.4.10}$$

因为引理 4.3.1, 可知 LB knapsack median 实例 $\mathcal{I}_{\text{Lnm}}$ 的最优解也是 LBFL 实例 $\mathcal{I}_{\text{LF}}$ 的可行解, 所以有

$$\text{OPT}_{\text{LF}} \leqslant \text{OPT}_{\text{Lnm}}. \tag{4.4.11}$$

结合不等式 (4.4.9)~(4.4.11), 可得到

$$\begin{aligned}
\sum_{j \in \mathcal{D}} c_{\sigma(j)j} &\leqslant \nu \cdot \text{OPT}_{\text{nm}} + 2 \cdot \gamma \cdot \text{OPT}_{\text{LF}} \\
&\leqslant \nu \cdot \text{OPT}_{\text{Lnm}} + 2 \cdot \gamma \cdot \text{OPT}_{\text{Lnm}} \\
&= (\nu + 2\gamma) \cdot \text{OPT}_{\text{Lnm}}.
\end{aligned}$$

由 $\gamma = 82.6$, $\nu = 7.081(1 + \epsilon)$, 可知近似比不超过 173.

第 5 章　其他带下界约束的聚类问题

本章介绍五种其他带下界约束的聚类问题. 5.1 节给出最小最大 r-聚集问题 (min-max r-gather problem, 简记 MM r-gather) 的数学描述以及用于求解此问题的近似算法, 近似比分别为 3 和 2, 该节的算法与分析取材于文献 [65] 和 [66]. 5.2 节给出最小求和 r-聚集问题 (min-sum r-gather problem, 简记 MS r-gather) 的数学描述以及用于求解此问题的 $2r$-近似算法, 该节的算法可看作对 5.1 节中求解 MM r-gather 的 3-近似算法的推广应用. 5.3 节和 5.4 节分别给出带下界约束的 k-中心问题 (lower-bounded k-center problem, 简记 LB k-center) 和奖励收集的带下界约束的 k-中位问题 (prize-collecting lower-bounded k-median problem, 简记 PLB k-median) 的数学描述, 并将部分第 2 章中求解 LB k-median 的算法推广到求解 LB k-center 和 PLB k-median 上, 同时也将 5.1 节中求解 MM r-gather 的 2-近似算法推广到求解 LB k-center 上. 5.5 节给出带弱下界约束的 k-中位问题 (weakly lower-bounded k-median problem, 简记 WLB k-median) 的数学描述以及用于求解此问题的近似算法, 该节的算法与分析取材于文献 [64].

5.1　最小最大 r-聚集问题

在 MM r-gather 的实例 $\mathcal{I}_{\mathrm{MMrg}}$ 中, 给定顶点集合 V 和正整数 r. 对任意的两个顶点 $i, j \in V$, 给定距离 d_{ij}. 假设距离是度量的, 即距离满足以下要求:

- 非负性: 对任意的 $i, j \in V$, 距离 $d_{ij} \geqslant 0$;
- 对称性: 对任意的 $i, j \in V$, 距离 $d_{ii} = 0, d_{ij} = d_{ji}$;
- 三角不等式: 对任意的 $h, i, j \in V$, 距离 $d_{ij} \leqslant d_{ih} + d_{hj}$.

连接顶点 $j \in V$ 到顶点 $i \in V$ 产生连接费用 c_{ij}, 连接费用等于顶点 i 与顶点 j 之间的距离 d_{ij}. 目标是选取若干顶点作为中心, 连接每个顶点到某个中心上, 使得

- 下界约束被满足: 每个选取中心上所连接的顶点个数至少为 r 个;
- 所有顶点的连接费用中最大的连接费用达到最小.

在给出 MM r-gather 的整数规划之前, 需要引入两类 0-1 变量 ($\{x_{ij}\}_{i,j \in V}$, $\{y_i\}_{i \in V}$) 和连续变量 t 来进行问题刻画.

- 变量 x_{ij} 刻画顶点 j 是否连接到顶点 i 上, 取 1 表示连接, 取 0 表示未连接;
- 变量 y_i 刻画顶点 i 是否被选取为中心, 取 1 表示选取, 取 0 表示未选取;
- 变量 t 刻画所有顶点的连接费用上界.

下面给出 MM r-gather 的整数规划:

$$\min \quad t \tag{5.1.1}$$

$$\text{s. t.} \quad c_{ij}x_{ij} \leqslant t, \qquad\qquad \forall i,j \in V, \tag{5.1.2}$$

$$\sum_{i \in V} x_{ij} = 1, \qquad\qquad \forall j \in V, \tag{5.1.3}$$

$$x_{ij} \leqslant y_i, \qquad\qquad \forall i,j \in V, \tag{5.1.4}$$

$$\sum_{j \in V} x_{ij} \geqslant ry_i, \qquad\qquad \forall i \in V, \tag{5.1.5}$$

$$x_{ij} \in \{0,1\}, \qquad\qquad \forall i,j \in V, \tag{5.1.6}$$

$$y_i \in \{0,1\}, \qquad\qquad \forall i \in V, \tag{5.1.7}$$

$$t \geqslant 0. \tag{5.1.8}$$

在规划 (5.1.1)~(5.1.8) 中, 约束 (5.1.2) 保证目标函数 (5.1.1) 是所有顶点的连接费用中最大的连接费用; 约束 (5.1.3) 保证每个顶点 j 都要连接到某个中心上; 约束 (5.1.4) 保证如果存在某个顶点 j 连接到中心 i 上, 那么中心 i 一定要被选取; 约束 (5.1.5) 保证每个选取中心 i 上所连接的顶点个数至少为 r 个 (即满足下界约束).

5.1.1 3-近似算法

在介绍 MM r-gather 的 3-近似算法之前, 给出以下定义. 对任意的顶点 $i \in V$, 用 $V_r(i)$ 和 $V_{r-1}(i)$ 分别表示距离顶点 i 最近的 r 和 $r-1$ 个顶点, 也就是与顶点 i 之间连接费用最小的 r 和 $r-1$ 个顶点. 对任意的顶点 $i,j \in V$, 定义

$$P_j(i) := \begin{cases} V_r(j) \setminus \{i\}, & \text{如果 } i \in V_r(j), \\ V_{r-1}(j), & \text{如果 } i \notin V_r(j), \end{cases}$$

称 $P_j(i)$ 为将顶点 i 连接到顶点 j 的搭档顶点集合. 对任意的两个顶点 $i,j \in V$, 定义

$$C_j(i) := \max_{h \in P_j(i) \cup \{i\}} c_{jh},$$

称 $C_j(i)$ 为在满足下界约束条件下将顶点 i 连接到顶点 j 的最小最大费用. 对任意的顶点 $i \in V$, 定义

$$C(i) := \min_{j \in V} C_j(i) \text{ 以及 } i_{bc} := \arg\min_{j \in V} C_j(i),$$

称 $C(i)$ 为在满足下界约束条件下顶点 i 被连接的最小最大费用, 称 i_{bc} 为顶点 i 的最佳中心. 定义

$$P(i) := P_{i_{bc}}(i),$$

称 $P(i)$ 为顶点 i 的最佳搭档顶点集合. 用二元组 (S, σ) 表示 MM r-gather 的实例 $\mathcal{I}_{MMrg}$ 的解, 其中 $S \subseteq V$ 表示解中选取中心集合, 指派 $\sigma : V \to S$ 表示顶点集合 V 中顶点到选取中心集合 S 的连接情况. 对任意的顶点 $i \in V$, 用 $\sigma(i)$ 表示顶点 i 在指派 σ 下所连接到的中心.

算法 17 给出 MM r-gather 的 3-近似算法, 算法主要分为四个步骤. 首先, 对任意的顶点 $i \in V$, 找到其在满足下界约束条件下被连接的最小最大费用、最佳中心和最佳搭档顶点集合. 然后, 按顶点在满足下界约束条件下被连接的最小最大费用的非降序将所有顶点进行排序. 最后, 按排序顺序查看每个顶点及其最佳搭档顶点是否已被连接, 从而确定选取中心集合和每个顶点的连接情况.

算法 17 MM r-gather 的 3-近似算法

输入: MM r-gather 实例 $\mathcal{I}_{MMrg} = (V, r, \{c_{ij}\}_{i,j \in V})$.

输出: 实例 $\mathcal{I}_{MMrg}$ **的可行解** (S, σ).

步 1 确定所有顶点的信息.

对任意的顶点 $i \in V$, 用 $V_r(i)$ 和 $V_{r-1}(i)$ 分别表示与顶点 i 之间连接费用最小的 r 和 $r-1$ 个顶点. 对任意的顶点 $i, j \in V$, 定义

$$P_j(i) := \begin{cases} V_r(j) \setminus \{i\}, & \text{如果 } i \in V_r(j), \\ V_{r-1}(j), & \text{如果 } i \notin V_r(j). \end{cases}$$

定义 $C_j(i) := \max_{h \in P_j(i) \cup \{i\}} c_{jh}$. 对任意的顶点 $i \in V$, 定义其在满足下界约束条件下被连接的最小最大费用、最佳中心和最佳搭档顶点集合分

别为

$$C(i) := \min_{j \in V} C_j(i), \quad i_{\mathrm{bc}} := \arg\min_{j \in V} C_j(i) \text{ 和 } P(i) := P_{i_{\mathrm{bc}}}(i).$$

步 2 将所有顶点排序.

对 V 中所有顶点, 按其在满足下界约束条件下被连接的最小最大费用的非降序进行排序, 并标号为从 1 到 $|V|$.

步 3 选取中心并连接部分顶点.

令 $S := \varnothing$. 对任意的顶点 $i \in V$, 令其处于未被连接状态, 并定义 $\sigma(i) := i$. 令 $S_{\mathrm{re}} := V$.

当 $S_{\mathrm{re}} \neq \varnothing$ 时

选取 S_{re} 中标号最小的顶点 i. 若 $P(i) \cup \{i\}$ 中所有顶点均未被连接, 选取 i 的最佳中心 i_{bc} 作为中心. 更新 $S := S \cup \{i_{\mathrm{bc}}\}$, $S_{\mathrm{re}} := S_{\mathrm{re}} \setminus (P(i) \cup \{i\})$. 对任意的顶点 $j \in P(i) \cup \{i\}$, 将其连接到顶点 i_{bc} 上, 并更新 $\sigma(j) := i_{\mathrm{bc}}$. 若存在某个 $P(i) \cup \{i\}$ 中的顶点已被连接, 更新 $S_{\mathrm{re}} := S_{\mathrm{re}} \setminus \{i\}$.

步 4 连接剩余顶点.

对任意未连接的顶点 i, 找到中心 $i_{\mathrm{nc}} := \arg\min_{j \in S} c_{ij}$, 并更新 $\sigma(i) := i_{\mathrm{nc}}$.

输出 可行解 (S, σ).

用二元组 (S^*, σ^*) 表示 MM r-gather 实例 $\mathcal{I}_{\mathrm{MMrg}}$ 的最优解, 其中 $S^* \subseteq V$ 表示最优解中选取中心集合, 指派 $\sigma^* : V \to S^*$ 表示顶点集合 V 中顶点到最优选取中心集合 S^* 的连接情况. 对任意的顶点 $i \in V$, 用 $\sigma^*(i)$ 表示顶点 i 在指派 σ^* 下所连接到的中心. 用 $\mathrm{OPT}_{\mathrm{MMrg}}$ 表示 MM r-gather 实例 $\mathcal{I}_{\mathrm{MMrg}}$ 的最优解目标值, 即

$$\mathrm{OPT}_{\mathrm{MMrg}} = \max_{i \in V} c_{\sigma^*(i)i}.$$

下面的定理给出算法 17 的主要结论.

定理 5.1.1 算法 17 是 MM r-gather 的常数近似算法. 对任意的 MM r-gather 实例 $\mathcal{I}_{\mathrm{MMrg}}$, 算法输出可行解 (S, σ), 即 (S, σ) 满足对任意的顶点 $i \in S$ 有

$$|\{j \in V : \sigma(j) = i\}| \geqslant r.$$

同时, 可行解 (S, σ) 的目标值不超过实例 $\mathcal{I}_{\mathrm{MMrg}}$ 最优解目标值的 3 倍, 即

$$\max_{i \in V} c_{\sigma(i)i} \leqslant 3 \cdot \mathrm{OPT}_{\mathrm{MMrg}}.$$

不难看出, 算法 17 步 3 保证了所得解满足下界约束. 下面将关注算法 17 的近似比分析. 为证明定理 5.1.1 中的近似比, 需要以下引理.

引理 5.1.2 对任意的顶点 $i \in V$, 其在算法所得可行解 (S, σ) 下的连接费用不超过 3 倍的其在满足下界约束条件下被连接的最小最大费用, 即

$$c_{\sigma(i)i} \leqslant 3C(i).$$

证明 此证明采取分情况讨论. 第一种情况是顶点 i 在算法 17 步 3 被连接, 第二种情况是顶点 i 在算法 17 步 4 被连接.

- **情况 1. 顶点 i 在算法 17 步 3 被连接.**

  对任意的在算法 17 步 3 被连接的顶点 i, 若其在解 (S, σ) 下连接到自身的最佳中心 i_{bc} 上, 可得到

  $$c_{\sigma(i)i} = c_{i_{\mathrm{bc}}i} \leqslant \max_{h \in P_{i_{\mathrm{bc}}}(i) \cup \{i\}} c_{i_{\mathrm{bc}}h} = C_{i_{\mathrm{bc}}}(i) = C(i).$$

  若顶点 i 在解 (S, σ) 下连接到其他顶点 i' 的最佳中心 $i'_{\mathrm{bc}} \in S$ 上, 可知 $i \in P_{i'_{\mathrm{bc}}}(i')$ 且 $C(i') \leqslant C(i)$, 所以有

  $$c_{\sigma(i)i} = c_{i'_{\mathrm{bc}}i} \leqslant \max_{h \in P_{i'_{\mathrm{bc}}}(i') \cup \{i'\}} c_{i'_{\mathrm{bc}}h} = C_{i'_{\mathrm{bc}}}(i') = C(i') \leqslant C(i).$$

- **情况 2. 顶点 i 在算法 17 步 4 被连接.**

  对任意的在算法 17 步 4 被连接的顶点 i, 由于其未在算法 17 步 3 被连接, 一定存在某个其最佳搭档顶点 j, 在算法 17 步 3 已被连接到某个顶点 i' 的最佳中心 $i'_{\mathrm{bc}} \in S$ 上. 值得注意的是, 对顶点 j 和 i' 可能有 $j = i'$. 由算法 17 步 3 选取中心的方式, 可知

  $$C(i') \leqslant C(i). \tag{5.1.9}$$

  由于顶点 i 在解 (S, σ) 下连接到 S 中与其距离最近的顶点, 所以有

  $$c_{\sigma(i)i} \leqslant c_{i'_{\mathrm{bc}}i} \leqslant c_{i'_{\mathrm{bc}}j} + c_{ji} \leqslant c_{i'_{\mathrm{bc}}j} + c_{ji_{\mathrm{bc}}} + c_{i_{\mathrm{bc}}i}. \tag{5.1.10}$$

因为顶点 i 满足 $i \in P_{i_{bc}}(i) \cup \{i\}$, 可得到

$$c_{i_{bc}i} \leqslant \max_{h \in P_{i_{bc}}(i) \cup i} c_{i_{bc}h} = C_{i_{bc}}(i) = C(i). \tag{5.1.11}$$

因为顶点 j 满足 $j \in P_{i_{bc}}(i) \cup \{i\}$ 和 $j \in P_{i'_{bc}}(i') \cup \{i'\}$, 同理有

$$c_{i_{bc}j} \leqslant C(i) \quad \text{和} \quad c_{i'_{bc}j} \leqslant C(i').$$

结合不等式 (5.1.9)~(5.1.11), 以及以上不等式, 可得到

$$c_{\sigma(i)i} \leqslant C(i') + 2C(i) \leqslant 3C(i).$$

综合情况 1 和 2 的证明, 本引理得证. □

下面证明算法 17 的近似比. 由引理 5.1.2, 可得到

$$\max_{i \in V} c_{\sigma(i)i} \leqslant 3 \max_{i \in V} C(i). \tag{5.1.12}$$

由于在最优解 (S^*, σ^*) 下, 一定存在某个顶点 $j \in V$, 其连接费用不小于 $\max_{i \in V} C(i)$, 所以有

$$\max_{i \in V} C(i) \leqslant c_{\sigma^*(j)j}. \tag{5.1.13}$$

结合不等式 (5.1.12) 和 (5.1.13), 可得到

$$\max_{i \in V} c_{\sigma(i)i} \leqslant 3 \max_{i \in V} C(i) \leqslant 3 c_{\sigma^*(j)j} \leqslant 3 \max_{i \in V} c_{\sigma^*(i)i} = 3\text{OPT}_{\text{MMrg}},$$

算法 17 的近似比得证.

5.1.2　2-近似算法

算法 18 给出 MM r-gather 的 2-近似算法, 算法与给定的 MM r-gather 实例 $\mathcal{I}_{\text{MMrg}}$ 的最优解目标值 OPT_{MMrg} 相关. 由于 OPT_{MMrg} 的取值等于某两点间的连接费用, 因此可通过猜测数值假设已知 OPT_{MMrg} 的取值. 算法主要分为两个步骤. 首先, 确定合适的选取中心集合. 然后, 根据选取中心集合构造运输网络, 通过求解运输网络确定每个顶点的连接情况.

算法 18 MM r-gather 的 2-近似算法

输入: MM r-gather 实例 $\mathcal{I}_{\text{MMrg}} = (V, r, \{c_{ij}\}_{i,j \in V})$，最优解目标值 OPT_{MMrg}.

输出: 实例 $\mathcal{I}_{\text{MMrg}}$ 的可行解 (S, σ).

步 1 确定选取中心.

> 令 $S := \varnothing$, $S_{\text{re}} := V$. 对任意的顶点 $i \in V$, 定义
>
> $$N(i) := \{j \in V : c_{ij} \leqslant 2\text{OPT}_{\text{MMrg}}\}.$$
>
> 当 $S_{\text{re}} \neq \varnothing$ 时
>
> > 任意选取 S_{re} 中某个顶点 i. 更新 $S := S \cup \{i\}$, $S_{\text{re}} := S_{\text{re}} \setminus N(i)$.

步 2 连接所有顶点.

> **步 2.1 构造运输网络.**
>
> > 按以下方式构造运输网络 $G = (V, A, \{\text{Cap}(i,j)\}_{(i,j) \in A})$. 构造源点 s 和汇点 t. 构造顶点集合 V_s 和 V_t 分别满足 $|V_s| = |S|$ 和 $|V_t| = |V|$. 分别将每个 V_s 和 V_t 中的顶点标号为某个 S 和 V 中的顶点, 并且保证 V_s 和 V_t 中所有顶点的标号不重复. 对任意的顶点 $i_s \in V_s$, 用 $s(i_s)$ 表示所标号的 S 中的顶点. 对任意的顶点 $j_t \in V_t$, 用 $v(j_t)$ 表示所标号的 V 中的顶点. 构造边集 $A_s := \{(s, i_s) : i_s \in V_s\}$, $A_m := \{(i_s, j_t) : i_s \in V_s, j_t \in V_t, c_{s(i_s)v(j_t)} \leqslant 2\text{OPT}_{\text{MMrg}}\}$ 和 $A_t := \{(j_t, t) : j_t \in V_t\}$. 定义 $V := \{s\} \cup \{t\} \cup V_s \cup V_t$, $A = A_s \cup A_m \cup A_t$. 对任意的边 $(i, j) \in A$, 定义其容量为
> >
> > $$\text{Cap}(i,j) := \begin{cases} r, & (i,j) \in A_s, \\ 1, & (i,j) \in A_m \cup A_t. \end{cases}$$

> **步 2.2 求解运输网络.**
>
> > 调用最大流算法 (参见文献 [67]), 求解运输网络 $G = (V, A, \{\text{Cap}(i,j)\}_{(i,j) \in A})$ 的最大流. 对任意的边 $(i, j) \in A$, 用 $F(i, j)$ 表示最大流中通过其的流量.

步 2.3　连接部分顶点.

对任意的顶点 $i \in V$, 令其处于未被连接状态, 并定义 $\sigma(i) := i$. 对任意的顶点 $i \in V$, 若存在边 $(i_s, j_t) \in A_m$ 满足 $v(j_t) = i$ 且 $F(i_s, j_t) = 1$, 将顶点 i 连接到顶点 $s(i_s) \in S$ 上, 并更新 $\sigma(i) := s(i_s)$.

步 2.4　连接剩余顶点.

对任意未连接的顶点 i, 找到中心 $i_{\mathrm{nc}} := \arg\min\limits_{j \in S} c_{ij}$, 并更新 $\sigma(i) := i_{\mathrm{nc}}$.

输出 可行解 (S, σ).

下面的定理给出算法 18 的主要结论.

定理 5.1.3　算法 18 是 MM r-gather 的常数近似算法. 对任意的 MM r-gather 实例 $\mathcal{I}_{\mathrm{MMrg}}$, 算法输出可行解 (S, σ), 即 (S, σ) 满足对任意的顶点 $i \in S$ 有

$$|\{j \in V : \sigma(j) = i\}| \geqslant r.$$

同时, 可行解 (S, σ) 的目标值不超过实例 $\mathcal{I}_{\mathrm{MMrg}}$ 最优解目标值的 2 倍, 即

$$\max_{i \in V} c_{\sigma(i)i} \leqslant 2 \cdot \mathrm{OPT}_{\mathrm{MMrg}}.$$

为证明算法所得解 (S, σ) 的可行性, 需要以下引理.

引理 5.1.4　运输网络 $G = (V, A, \{\mathrm{Cap}(i, j)\}_{(i,j) \in A})$ 的最大流流量为 $r|S|$.

证明　可用以下方法由 MM r-gather 实例 $\mathcal{I}_{\mathrm{MMrg}}$ 的最优解 (S^*, σ^*) 构造出运输网络 $G = (V, A, \{Cap(i, j)\}_{(i,j) \in A})$ 的最大流. 令 $m := |S^*|$. 用 $\{i_1^*, i_2^*, \cdots, i_m^*\}$ 表示最优选取中心集合 S^*. 对任意的顶点 $i^* \in S^*$, 定义 $V(i^*) := \{i \in V : \sigma^*(i) = i^*\}$. 集合 $V(i_1^*), V(i_2^*), \cdots, V(i_m^*)$ 构成顶点集合 V 的划分. 下面分别定义边集 A_s, A_m 和 A_t 的流量赋值, 使得构成最大流.

- **边集 A_s 的流量赋值.**

  对任意的边 $(s, i_s) \in A_s$, 定义 $F(s, i_s) := r$.

- **边集 $A_m \cup A_t$ 的流量赋值.**

  由于对任意的顶点 $i \in S$, 有 $|V(\sigma^*(i))| \geqslant r$. 任意选取 $V(\sigma^*(i))$ 中的 r 个顶点, 并用 $R(\sigma^*(i))$ 表示被选取的 r 个顶点. 对任意满足 $s(i_s) = i$ 和 $v(j_t) \in R(\sigma^*(i))$ 的边 $(i_s, j_t) \in A_m$, 定义 $F(i_s, j_t) := 1$; 对任意满足 $v(j_t) \in R(\sigma^*(i))$ 的边 $(j_t, t) \in A_t$, 定义 $F(j_t, t) := 1$.

下面证明对边集 A_s, A_m 和 A_t 定义的流量赋值是可行的, 即既不超过运输网络的容量又满足流量守恒. 不难看出, 定义的流量赋值不超过运输网络的容量. 主要证明流量赋值满足流量守恒. 此证明采取分情况讨论, 讨论对任意的 $V_s \cup V_t$ 中的顶点, 其流入量与流出量是否相等. 第一种情况是当顶点 $i_s \in V_s$ 时, 第二种情况是当顶点 $j_t \in V_t$ 时.

- **情况 1. 顶点 $i_s \in V_s$.**

  由对边集 A_s 的流量赋值可看出, 对任意的顶点 $i_s \in V_s$, 流入其的流量为 r. 由于对任意的两个顶点 $i \in S$ 和 $j \in V(\sigma^*(i))$, 有

  $$c_{ij} \leqslant c_{i\sigma^*(i)} + c_{\sigma^*(i)j} \leqslant 2\mathrm{OPT}_{\mathrm{MMrg}},$$

  所以对任意满足 $s(i_s) = i$ 和 $v(j_t) \in R(\sigma^*(i))$ 的两个顶点 $i_s \in V_s$ 和 $j_t \in V_t$, 一定有 $(i_s, j_t) \in A_m$. 因此, 由对边集 V_m 的流量赋值可看出, 对任意的顶点 $i_s \in V_s$, 流出其的流量也恰好为 r. 所以, 对任意的顶点 $i_s \in V_s$, 其流入量与流出量相等.

- **情况 2. 顶点 $j_t \in V_t$.**

  对任意的两个顶点 $i, j \in S$, 有 $\sigma^*(i) \neq \sigma^*(j)$. 因为若 $\sigma^*(i) = \sigma^*(j)$, 可得到

  $$c_{ij} \leqslant c_{i\sigma^*(i)} + c_{\sigma^*(j)j} \leqslant 2\mathrm{OPT}_{\mathrm{MMrg}},$$

  算法 18 步 1 将使得顶点 i 和 j 不能同时被选取为中心, 因此得到矛盾. 所以对任意的两个顶点 $i, j \in S$, 可得到 $V(\sigma^*(i)) \cap V(\sigma^*(j)) = \varnothing$, 因此 $R(\sigma^*(i)) \cap R(\sigma^*(j)) = \varnothing$. 由对边集 A_m 和 A_t 的流量赋值可看出, 对任意的顶点 $j_t \in V_t$, 流入其的流量至多为 1, 且其流入量与流出量相等.

综合情况 1 和 2 的证明, 可看出流量赋值满足流量守恒. 因此, 对边集 A_s、A_m 和 A_t 定义的流量赋值可得到流量为 $r|S|$ 的流. 由于从源点 s 所流出的流量至多为 $r|S|$, 所以定义的流量赋值是最大流, 本引理得证. □

由引理 5.1.4, 可看出算法 18 步 2.3 的连接方式保证了任意的顶点 $i \in S$ 上所连接的顶点个数至少为 r 个, 因此所得解是可行解. 下面将关注算法 18 的近似比分析. 为证明定理 5.1.3 中的近似比, 需要以下引理.

引理 5.1.5 对任意的顶点 $i \in V$, 其在算法所得可行解 (S, σ) 下的连接费用不超过 MM r-gather 实例 $\mathcal{I}_{\mathrm{MMrg}}$ 最优解目标值的 2 倍, 即

$$c_{\sigma(i)i} \leqslant 2\mathrm{OPT}_{\mathrm{MMrg}}.$$

证明　此证明采取分情况讨论. 第一种情况是顶点 i 在算法 18 步 2.3 被连接, 第二种情况是顶点 i 在算法 18 步 2.4 被连接.

- **情况 1. 顶点 i 在算法 18 步 2.3 被连接.**

  对任意的在算法 18 步 2.3 被连接的顶点 i, 一定存在边 $(i_s, j_t) \in A_m$ 满足 $v(j_t) = i$ 且 $F(i_s, j_t) = 1$. 由于顶点 i 在解 (S, σ) 下连接到顶点 $s(i_s)$ 上, 且 $(i_s, j_t) \in A_m$, 可得到

  $$c_{\sigma(i)i} = c_{s(i_s)i} = c_{s(i_s)v(j_t)} \leqslant 2\mathrm{OPT}_{\mathrm{MMrg}}.$$

- **情况 2. 顶点 i 在算法 18 步 2.4 被连接.**

  对任意的在算法 18 步 2.4 被连接的顶点 i, 由算法 18 步 1, 可知至少存在某条边 $(i_s, j_t) \in A_m$ 满足 $v(j_t) = i$ 且 $s(i_s) \in S$. 由于顶点 i 在解 (S, σ) 下连接到 S 中与其距离最近的顶点 i_{nc} 上, 所以有

  $$c_{i_{\mathrm{nc}}i} \leqslant c_{s(i_s)i} = c_{s(i_s)v(j_t)} \leqslant 2\mathrm{OPT}_{\mathrm{MMrg}}.$$

综合情况 1 和 2 的证明, 本引理得证. □

由引理 5.1.5, 算法 18 的近似比得证.

5.2　最小求和 r-聚集问题

在 MS r-gather 的实例 $\mathcal{I}_{\mathrm{MSrg}}$ 中, 给定顶点集合 V 和正整数 r. 对任意的两个顶点 $i, j \in V$, 给定距离 d_{ij}. 假设距离是度量的, 即距离满足以下要求:

- 非负性: 对任意的 $i, j \in V$, 距离 $d_{ij} \geqslant 0$;
- 对称性: 对任意的 $i, j \in V$, 距离 $d_{ii} = 0, d_{ij} = d_{ji}$;
- 三角不等式: 对任意的 $h, i, j \in V$, 距离 $d_{ij} \leqslant d_{ih} + d_{hj}$.

连接顶点 $j \in V$ 到顶点 $i \in V$ 产生连接费用 c_{ij}, 连接费用等于顶点 i 与顶点 j 之间的距离 d_{ij}. 目标是选取若干顶点作为中心, 连接每个顶点到某个中心上, 使得

- 下界约束被满足: 每个选取中心上所连接的顶点个数至少为 r 个;
- 所有顶点的连接费用之和达到最小.

在给出 MS r-gather 的整数规划之前, 需要引入两类 0-1 变量 ($\{x_{ij}\}_{i,j \in V}$, $\{y_i\}_{i \in V}$) 来进行问题刻画.

- 变量 x_{ij} 刻画顶点 j 是否连接到顶点 i 上, 取 1 表示连接, 取 0 表示未连接;
- 变量 y_i 刻画顶点 i 是否被选取为中心, 取 1 表示选取, 取 0 表示未选取.

下面给出 MS r-gather 的整数规划:

$$\min \quad \sum_{i,j \in V} c_{ij} x_{ij} \tag{5.2.1}$$

$$\text{s. t.} \quad \sum_{i \in V} x_{ij} = 1, \qquad \forall j \in V, \tag{5.2.2}$$

$$x_{ij} \leqslant y_i, \qquad \forall i,j \in V, \tag{5.2.3}$$

$$\sum_{j \in V} x_{ij} \geqslant r y_i, \qquad \forall i \in V, \tag{5.2.4}$$

$$x_{ij} \in \{0,1\}, \qquad \forall i,j \in V, \tag{5.2.5}$$

$$y_i \in \{0,1\}, \qquad \forall i \in V. \tag{5.2.6}$$

规划 (5.2.1)∼(5.2.6) 与 MM r-gather 的整数规划 (5.1.1)∼(5.1.8) 相比, 目标函数 (5.2.1) 是所有顶点的连接费用之和.

在介绍 MS r-gather 的近似算法之前, 给出以下定义. 对任意的顶点 $i \in V$, 仍用 $V_r(i)$ 和 $V_{r-1}(i)$ 分别表示距离顶点 i 最近的 r 和 $r-1$ 个顶点, 也就是与顶点 i 之间连接费用最小的 r 和 $r-1$ 个顶点. 对任意的顶点 $i,j \in V$, 仍定义

$$P_j(i) := \begin{cases} V_r(j) \setminus \{i\}, & \text{如果 } i \in V_r(j), \\ V_{r-1}(j), & \text{如果 } i \notin V_r(j), \end{cases}$$

仍称 $P_j(i)$ 为将顶点 i 连接到顶点 j 的搭档顶点集合. 对任意的两个顶点 $i,j \in V$, 定义

$$C_j(i) := \sum_{h \in P_j(i) \cup \{i\}} c_{jh},$$

称 $C_j(i)$ 为在满足下界约束条件下将顶点 i 连接到顶点 j 的最小求和费用. 对任意的顶点 $i \in V$, 仍定义

$$C(i) := \min_{j \in V} C_j(i) \text{ 以及 } i_{\mathrm{bc}} := \arg\min_{j \in V} C_j(i),$$

称 $C(i)$ 为在满足下界约束条件下顶点 i 被连接的最小求和费用, 仍称 i_{bc} 为顶点 i 的最佳中心. 仍定义

$$P(i) := P_{i_{\mathrm{bc}}}(i),$$

仍称 $P(i)$ 为顶点 i 的最佳搭档顶点集合. 用二元组 (S, σ) 表示 MS r-gather 的实例 $\mathcal{I}_{\mathrm{MSrg}}$ 的解, 其中 $S \subseteq V$ 表示解中选取中心集合, 指派 $\sigma : V \to S$ 表示顶点

集合 V 中顶点到选取中心集合 S 的连接情况. 对任意的顶点 $i \in V$, 用 $\sigma(i)$ 表示顶点 i 在指派 σ 下所连接到的中心.

算法 19 给出 MS r-gather 的 $2r$-近似算法, 算法主要分为四个步骤. 首先, 对任意的顶点 $i \in V$, 找到其在满足下界约束条件下被连接的最小求和费用、最佳中心和最佳搭档顶点集合. 然后, 按顶点在满足下界约束条件下被连接的最小求和费用的非降序将所有顶点进行排序. 最后, 按排序顺序查看每个顶点及其最佳搭档顶点是否已被连接, 从而确定选取中心集合和每个顶点的连接情况. 算法 19 可看作对算法 17 的推广应用.

算法 19　MS r-gather 的 $2r$-近似算法

输入: MS r-gather 实例 $\mathcal{I}_{\mathrm{MSrg}} = (V, r, \{c_{ij}\}_{i,j \in V})$.

输出: 实例 $\mathcal{I}_{\mathrm{MSrg}}$ **的可行解** (S, σ).

步 1 确定所有顶点的信息.

对任意的顶点 $i \in V$, 用 $V_r(i)$ 和 $V_{r-1}(i)$ 分别表示与顶点 i 之间连接费用最小的 r 和 $r-1$ 个顶点. 对任意的顶点 $i, j \in V$, 定义

$$P_j(i) := \begin{cases} V_r(j) \setminus \{i\}, & \text{如果 } i \in V_r(j), \\ V_{r-1}(j), & \text{如果 } i \notin V_r(j). \end{cases}$$

定义 $C_j(i) := \sum\limits_{h \in P_j(i) \cup \{i\}} c_{jh}$. 对任意的顶点 $i \in V$, 定义其在满足下界约束条件下被连接的最小求和费用、最佳中心和最佳搭档顶点集合分别为

$$C(i) := \min_{j \in V} C_j(i), \quad i_{\mathrm{bc}} := \arg\min_{j \in V} C_j(i) \text{ 和 } P(i) := P_{i_{\mathrm{bc}}}(i).$$

步 2 将所有顶点排序.

对 V 中所有顶点, 按其在满足下界约束条件下被连接的最小求和费用的非降序进行排序, 并标号为从 1 到 $|V|$.

步 3 选取中心并连接部分顶点.

令 $S := \varnothing$. 对任意的顶点 $i \in V$, 令其处于未被连接状态, 并定义 $\sigma(i) := i$. 令 $S_{\mathrm{re}} := V$.

当 $S_{\mathrm{re}} \neq \varnothing$ 时

选取 S_{re} 中标号最小的顶点 i. 若 $P(i) \cup \{i\}$ 中所有顶点均未被连接, 选取 i 的最佳中心 i_{bc} 作为中心. 更新 $S := S \cup \{i_{\text{bc}}\}$, $S_{\text{re}} := S_{\text{re}} \setminus (P(i) \cup \{i\})$. 对任意的顶点 $j \in P(i) \cup \{i\}$, 将其连接到顶点 i_{bc} 上, 并更新 $\sigma(j) := i_{\text{bc}}$. 若存在某个 $P(i) \cup \{i\}$ 中的顶点已被连接, 更新 $S_{\text{re}} := S_{\text{re}} \setminus \{i\}$.

步 4 连接剩余顶点.

对任意未连接的顶点 i, 找到中心 $i_{\text{nc}} := \arg \min\limits_{j \in S} c_{ij}$, 并更新 $\sigma(i) := i_{\text{nc}}$.

输出 可行解 (S, σ).

用二元组 (S^*, σ^*) 表示 MS r-gather 实例 $\mathcal{I}_{\text{MSrg}}$ 的最优解, 其中 $S^* \subseteq V$ 表示最优解中选取中心集合, 指派 $\sigma^* : V \to S^*$ 表示顶点集合 V 中顶点到最优选取中心集合 S^* 的连接情况. 对任意的顶点 $i \in V$, 用 $\sigma^*(i)$ 表示顶点 i 在指派 σ^* 下所连接到的中心. 用 OPT_{MSrg} 表示 MS r-gather 实例 $\mathcal{I}_{\text{MSrg}}$ 的最优解目标值, 即

$$\text{OPT}_{\text{MSrg}} = \sum_{i \in V} c_{\sigma^*(i)i}.$$

下面的定理给出算法 19 的主要结论.

定理 5.2.1 算法 19 是 MS r-gather 的常数近似算法. 对任意的 MS r-gather 实例 $\mathcal{I}_{\text{MSrg}}$, 算法输出可行解 (S, σ), 即 (S, σ) 满足对任意的顶点 $i \in S$ 有

$$|\{j \in V : \sigma(j) = i\}| \geqslant r.$$

同时, 可行解 (S, σ) 的目标值不超过实例 $\mathcal{I}_{\text{MSrg}}$ 最优解目标值的 $2r$ 倍, 即

$$\sum_{i \in V} c_{\sigma(i)i} \leqslant 2r \cdot \text{OPT}_{\text{MSrg}}.$$

不难看出, 算法 19 步 3 保证了所得解满足下界约束. 下面将关注算法 19 的近似比分析. 为证明定理 5.2.1 中的近似比, 需要以下引理.

引理 5.2.2 对 MS r-gather 实例 $\mathcal{I}_{\text{MSrg}}$ 的算法所得可行解 (S, σ), 其目标值不超过 2 倍的所有顶点在满足下界约束条件下被连接的最小求和费用的总和, 即

$$\sum_{i \in V} c_{\sigma(i)i} \leqslant 2 \sum_{i \in V} C(i).$$

证明　此证明采取分情况讨论, 讨论任意的顶点 $i \in V$ 在可行解 (S, σ) 下的连接费用上界估计. 第一种情况是顶点 i 在算法 19 步 3 被连接, 第二种情况是顶点 i 在算法 19 步 4 被连接.

- **情况 1. 顶点 i 在算法 19 步 3 被连接.**

  对任意的在算法 19 步 3 被连接的顶点 i, 若其在解 (S, σ) 下连接到自身的最佳中心 i_{bc} 上, 可得到

  $$c_{\sigma(i)i} = c_{i_{\mathrm{bc}}i} \leqslant \sum_{h \in P_{i_{\mathrm{bc}}}(i) \cup \{i\}} c_{i_{\mathrm{bc}}h} = C_{i_{\mathrm{bc}}}(i) = C(i).$$

  若顶点 i 在解 (S, σ) 下连接到其他顶点 i' 的最佳中心 $i'_{\mathrm{bc}} \in S$ 上, 可知 $i \in P_{i'_{\mathrm{bc}}}(i')$ 且 $C(i') \leqslant C(i)$, 所以有

  $$c_{\sigma(i)i} = c_{i'_{\mathrm{bc}}i} \leqslant \sum_{h \in P_{i'_{\mathrm{bc}}}(i') \cup \{i'\}} c_{i'_{\mathrm{bc}}h} = C_{i'_{\mathrm{bc}}}(i') = C(i') \leqslant C(i).$$

- **情况 2. 顶点 i 在算法 19 步 4 被连接.**

  对任意的在算法 19 步 4 被连接的顶点 i, 由于其未在算法 19 步 3 被连接, 一定存在某个其最佳搭档顶点 j, 在算法 19 步 3 已被连接到某个顶点 i' 的最佳中心 $i'_{\mathrm{bc}} \in S$ 上. 值得注意的是, 对顶点 j 和 i' 可能有 $j = i'$. 由算法 19 步 3 选取中心的方式, 可知

  $$C(i') \leqslant C(i). \tag{5.2.7}$$

由于顶点 i 在解 (S, σ) 下连接到 S 中与其距离最近的顶点, 所以有

$$c_{\sigma(i)i} \leqslant c_{i'_{\mathrm{bc}}i} \leqslant c_{i'_{\mathrm{bc}}j} + c_{ji} \leqslant c_{i'_{\mathrm{bc}}j} + c_{ji_{\mathrm{bc}}} + c_{i_{\mathrm{bc}}i}. \tag{5.2.8}$$

因为顶点 i 和顶点 j 满足 $i \in P_{i_{\mathrm{bc}}}(i) \cup \{i\}$ 和 $j \in P_{i_{\mathrm{bc}}}(i) \cup \{i\}$, 可得到

$$c_{ji_{\mathrm{bc}}} + c_{i_{\mathrm{bc}}i} \leqslant \sum_{h \in P_{i_{\mathrm{bc}}}(i) \cup \{i\}} c_{i_{\mathrm{bc}}h} = C_{i_{\mathrm{bc}}}(i) = C(i). \tag{5.2.9}$$

因为顶点 j 也满足 $j \in P_{i'_{\mathrm{bc}}}(i') \cup \{i'\}$, 同理有

$$c_{i'_{\mathrm{bc}}j} \leqslant C(i'). \tag{5.2.10}$$

结合不等式 (5.2.7)~(5.2.10), 可得到

$$c_{\sigma(i)i} \leqslant C(i') + C(i) \leqslant 2C(i).$$

综合情况 1 和 2 的证明, 可知对任意的顶点 $i \in V$ 有 $c_{\sigma(i)i} \leqslant 2C(i)$. 因此,

$$\sum_{i \in V} c_{\sigma(i)i} \leqslant 2 \sum_{i \in V} C(i),$$

本引理得证. $\qquad\qquad\qquad\qquad\qquad\qquad\qquad\qquad\qquad\qquad\qquad\qquad\square$

引理 5.2.3 所有顶点在满足下界约束条件下被连接的最小求和费用的总和不超过 MS r-gather 实例 $\mathcal{I}_{\mathrm{MSrg}}$ 最优解目标值的 r 倍, 即

$$\sum_{i \in V} C(i) \leqslant r \cdot \mathrm{OPT}_{\mathrm{MSrg}}.$$

证明 对任意的顶点 $i^* \in S^*$, 用 $V(i^*)$ 表示所有在最优解 (S^*, σ^*) 下连接到顶点 i^* 的顶点. 令 $|V(i^*)| = y_{i^*} r + z_{i^*}$, 其中 $y_{i^*} \geqslant 1$, $0 \leqslant z_{i^*} < r$. 下面将顶点集合 $V(i^*)$ 划分为 $y_{i^*} + 1$ 个集合 $V_0(i^*), V_1(i^*), \cdots, V_{y_{i^*}}(i^*)$. 对任意的顶点 $i \in V(i^*)$, 按其 $\dfrac{c_{i^*i}}{C(i)}$ 取值的非升序进行排序. 选取排序最前面的 z_{i^*} 个顶点加入集合 $V_0(i^*)$, 将剩余顶点按每个集合任意选取 r 个分别加入集合 $V_1(i^*), \cdots,$ $V_{y_{i^*}}(i^*)$.

对任意满足 $k \in \{1, \cdots, y_{i^*}\}$ 的顶点集合 $V_k(i^*)$ 中的任意顶点 i, 由于 $C(i)$ 为其在满足下界约束条件下被连接的最小求和费用, 所以有

$$C(i) \leqslant \sum_{j \in V_k(i^*)} c_{i^*j}.$$

由以上不等式, 可得到

$$\sum_{i \in V_k(i^*)} C(i) \leqslant |V_k(i^*)| \cdot \sum_{j \in V_k(i^*)} c_{i^*j} = r \cdot \sum_{j \in V_k(i^*)} c_{i^*j}. \qquad (5.2.11)$$

对顶点集合 $V_0(i^*)$ 中的任意顶点 h, 若将其与顶点集合 $V_1(i^*)$ 中的任意顶点 l 交换, 可得到顶点集合

$$V_1'(i^*) := (V_1(i^*) \setminus \{l\}) \cup \{h\}.$$

不难看出, 对顶点集合 $V_1'(i^*)$ 有

$$\sum_{i \in V_1'(i^*)} C(i) \leqslant |V_1'(i^*)| \cdot \sum_{j \in V_1'(i^*)} c_{i^*j} = r \cdot \sum_{j \in V_1'(i^*)} c_{i^*j}.$$

由顶点集合 $V_0(i^*)$ 中顶点的选取方式, 以及以上不等式, 可知对任意的顶点 $h \in V_0(i^*)$, 有

$$C(h) \leqslant r \cdot c_{i^*h}. \qquad (5.2.12)$$

由于对任意的顶点 $i^* \in S^*$, 不等式 (5.2.11) 和 (5.2.12) 均成立, 本引理得证.　□

　　结合引理 5.2.2 和 5.2.3, 定理 5.2.1 中的近似比得证.

5.3　带下界约束的 k-中心问题

　　在 LB k-center 的实例 $\mathcal{I}_{\mathrm{Lkc}}$ 中, 给定顶点集合 V、正整数 k 和非负下界 r. 对任意的两个顶点 $i, j \in V$, 给定距离 d_{ij}. 假设距离是度量的, 即距离满足以下要求:

- 非负性: 对任意的 $i, j \in V$, 距离 $d_{ij} \geqslant 0$;
- 对称性: 对任意的 $i, j \in V$, 距离 $d_{ii} = 0, d_{ij} = d_{ji}$;
- 三角不等式: 对任意的 $h, i, j \in V$, 距离 $d_{ij} \leqslant d_{ih} + d_{hj}$.

连接顶点 $j \in V$ 到顶点 $i \in V$ 产生连接费用 c_{ij}, 连接费用等于顶点 i 与顶点 j 之间的距离 d_{ij}. 目标是选取若干顶点作为中心, 连接每个顶点到某个中心上, 使得

- 基数约束被满足: 选取中心的个数不超过 k 个;
- 下界约束被满足: 每个选取中心上所连接的顶点个数至少为 r 个;
- 所有顶点的连接费用中最大的连接费用达到最小.

　　在给出 LB k-center 的整数规划之前, 需要引入两类 0-1 变量 ($\{x_{ij}\}_{i,j \in V}$, $\{y_i\}_{i \in V}$) 和连续变量 t 来进行问题刻画.

- 变量 x_{ij} 刻画顶点 j 是否连接到顶点 i 上, 取 1 表示连接, 取 0 表示未连接;
- 变量 y_i 刻画顶点 i 是否被选取为中心, 取 1 表示选取, 取 0 表示未选取;
- 变量 t 刻画所有顶点的连接费用上界.

下面给出 LB k-center 的整数规划:

$$\min \quad t \tag{5.3.1}$$

$$\text{s. t.} \quad c_{ij}x_{ij} \leqslant t, \qquad \forall i, j \in V, \tag{5.3.2}$$

$$\sum_{i \in V} x_{ij} = 1, \qquad \forall j \in V, \tag{5.3.3}$$

$$x_{ij} \leqslant y_i, \qquad \forall i, j \in V, \tag{5.3.4}$$

$$\sum_{j \in V} x_{ij} \geqslant r y_i, \qquad \forall i \in V, \tag{5.3.5}$$

$$\sum_{i \in V} y_i \leqslant k, \tag{5.3.6}$$

$$x_{ij} \in \{0,1\}, \qquad\qquad \forall i,j \in V, \qquad (5.3.7)$$

$$y_i \in \{0,1\}, \qquad\qquad \forall i \in V, \qquad (5.3.8)$$

$$t \geqslant 0. \qquad\qquad (5.3.9)$$

在规划 (5.3.1)~(5.3.9) 中, 约束 (5.3.2) 保证目标函数 (5.3.1) 是所有顶点的连接费用中最大的连接费用; 约束 (5.3.3) 保证每个顶点 j 都要连接到某个中心上; 约束 (5.3.4) 保证如果存在某个顶点 j 连接到中心 i 上, 那么中心 i 一定要被选取; 约束 (5.3.5) 保证每个选取中心 i 上所连接的顶点个数至少为 r 个 (即满足下界约束); 约束 (5.3.6) 保证选取中心的个数不超过 k 个 (即满足基数约束). 规划 (5.3.1)~(5.3.9) 与 MM r-gather 的整数规划 (5.1.1)~(5.1.8) 相比, 约束上增加了基数约束.

5.3.1 6-近似算法

在介绍 LB k-center 的 6-近似算法之前, 给出 k-中心问题 (k-center problem, 简记 k-center) 的具体描述. 在 k-center 的实例 $\mathcal{I}_{kc}$ 中, 给定顶点集合 V 和正整数 k. 对任意的两个顶点 $i,j \in V$, 给定距离 d_{ij}. 假设距离是度量的. 连接顶点 $j \in V$ 到顶点 $i \in V$ 产生连接费用 c_{ij}, 连接费用等于顶点 i 与顶点 j 之间的距离 d_{ij}. 目标是选取至多 k 个顶点作为中心, 连接每个顶点到某个中心上, 使得所有顶点的连接费用中最大的连接费用达到最小.

在给出 k-center 的整数规划之前, 同样需要引入两类 0-1 变量 ($\{x_{ij}\}_{i,j \in V}$, $\{y_i\}_{i \in V}$) 和连续变量 t 来进行问题刻画. 变量 x_{ij} 刻画顶点 j 是否连接到顶点 i 上, 取 1 表示连接, 取 0 表示未连接; 变量 y_i 刻画顶点 i 是否被选取为中心, 取 1 表示选取, 取 0 表示未选取; 变量 t 刻画所有顶点的连接费用上界. 下面给出 k-center 的整数规划:

$$\min \quad t \qquad\qquad (5.3.10)$$

$$\text{s. t.} \quad c_{ij}x_{ij} \leqslant t, \qquad\qquad \forall i,j \in V, \qquad (5.3.11)$$

$$\sum_{i \in V} x_{ij} = 1, \qquad\qquad \forall j \in V, \qquad (5.3.12)$$

$$x_{ij} \leqslant y_i, \qquad\qquad \forall i,j \in V, \qquad (5.3.13)$$

$$\sum_{i \in V} y_i \leqslant k, \qquad\qquad (5.3.14)$$

$$x_{ij} \in \{0,1\}, \qquad\qquad \forall i,j \in V, \qquad (5.3.15)$$

$$y_i \in \{0, 1\}, \qquad\qquad \forall i \in V, \qquad\qquad (5.3.16)$$

$$t \geqslant 0. \qquad\qquad (5.3.17)$$

规划 (5.3.10)~(5.3.17) 与 LB k-center 的整数规划 (5.3.1)~(5.3.9) 相比, 约束上减少了下界约束.

对于 LB k-center 和 k-center, 以下引理成立.

引理 5.3.1　由规划 (5.3.1)~(5.3.9) 和 (5.3.10)~(5.3.17) 可看出, 当给定的 LB k-center 和 k-center 实例中顶点集合 V 和正整数 k 这两项输入相同时, 任意 LB k-center 实例的可行解也是 k-center 实例的可行解.

类似地, 对于 LB k-center 和 MM r-gather, 以下引理成立.

引理 5.3.2　由规划 (5.3.1)~(5.3.9) 和 (5.1.1)~(5.1.8) 可看出, 当给定的 LB k-center 和 MM r-gather 实例中顶点集合 V 和非负下界 r 这两项输入相同时, 任意 LB k-center 实例的可行解也是 MM r-gather 实例的可行解.

用二元组 (S, σ) 表示 LB k-center 的实例 $\mathcal{I}_{\mathrm{Lkc}}$ 的解, 其中 $S \subseteq V$ 表示解中选取中心集合, 指派 $\sigma : V \to S$ 表示顶点集合 V 中顶点到选取中心集合 S 的连接情况. 对任意的顶点 $i \in V$, 用 $\sigma(i)$ 表示顶点 i 在指派 σ 下所连接到的中心.

算法 20 给出 LB k-center 的 6-近似算法, 算法主要分为五个步骤. 首先, 去除给定的 LB k-center 实例 $\mathcal{I}_{\mathrm{Lkc}}$ 中下界输入 r, 构造出 k-center 的实例 $\mathcal{I}_{kc}$. 然后, 调用 k-center 目前最好的近似算法来求解实例 $\mathcal{I}_{kc}$, 得到实例 $\mathcal{I}_{kc}$ 的可行解 (S_{kc}, σ_{kc}). 类似地, 去除给定的 LB k-center 实例 $\mathcal{I}_{\mathrm{Lkc}}$ 中基数输入 k, 构造出 MM r-gather 的实例 $\mathcal{I}_{\mathrm{MMrg}}$, 再调用 MM r-gather 目前最好的近似算法来求解实例 $\mathcal{I}_{\mathrm{MMrg}}$, 得到实例 $\mathcal{I}_{\mathrm{MMrg}}$ 的可行解 (S_{mr}, σ_{mr}). 最后, 基于解 (S_{kc}, σ_{kc}) 满足基数约束和解 (S_{mr}, σ_{mr}) 满足下界约束的特性, 构造出实例 $\mathcal{I}_{\mathrm{Lkc}}$ 的可行解 (S, σ). 算法 20 可看作对算法 4 的推广应用.

算法 20　LB k-center 的 6-近似算法

输入: LB k-center 实例 $\mathcal{I}_{\mathrm{Lkc}} = (V, k, r, \{c_{ij}\}_{i,j \in V})$.

输出: 实例 $\mathcal{I}_{\mathrm{Lkc}}$ **的可行解** (S, σ).

步 1 基于 LB k-center 实例 $\mathcal{I}_{\mathrm{Lkc}}$ **构造 k-center 实例** $\mathcal{I}_{kc}$.

　　对 LB k-center 实例 $\mathcal{I}_{\mathrm{Lkc}}$, 去除下界输入 r, 得到 k-center 实例 $\mathcal{I}_{kc} = (V, k, \{c_{ij}\}_{i,j \in V})$.

步 2 求解 k-center 实例 $\mathcal{I}_{kc}$ 得到解 (S_{kc}, σ_{kc}).

调用 k-center 目前最好的 τ-近似算法求解实例 $\mathcal{I}_{kc}$, 得到实例 $\mathcal{I}_{kc}$ 的可行解 (S_{kc}, σ_{kc}), 其中 $\tau = 2$ (参见文献 [21] 和 [22]).

步 3 基于 LB k-center 实例 $\mathcal{I}_{Lkc}$ 构造 MM r-gather 实例 $\mathcal{I}_{MMrg}$.

对 LB k-center 实例 $\mathcal{I}_{Lkc}$, 去除基数输入 k, 得到 MM r-gather 实例 $\mathcal{I}_{MMrg} = (V, r, \{c_{ij}\}_{i,j \in V})$.

步 4 求解 MM r-gather 实例 $\mathcal{I}_{MMrg}$ 得到解 (S_{mr}, σ_{mr}).

调用 MM r-gather 目前最好的 κ-近似算法求解实例 $\mathcal{I}_{MMrg}$, 得到实例 $\mathcal{I}_{MMrg}$ 的可行解 (S_{mr}, σ_{mr}), 其中 $\kappa = 2$ (参见文献 [65]).

步 5 基于解 (S_{kc}, σ_{kc}) 和 (S_{mr}, σ_{mr}), 构造 LB k-center 实例 $\mathcal{I}_{Lkc}$ 的可行解 (S, σ).

步 5.1 初始化.

令 $S := \varnothing$. 对任意的顶点 $i \in V$, 令 $\sigma(i) := \sigma_{mr}(i)$. 令 $S_{re} := S_{mr}$.

步 5.2 构造 LB k-center 实例 $\mathcal{I}_{Lkc}$ 的可行解 (S, σ).

当 $S_{re} \neq \varnothing$ 时

任意选取 S_{re} 中的某个顶点 i, 并找到 S_{kc} 中距离 i 最近的顶点 i_c, 即

$$i_c := \arg \min_{i' \in S_{kc}} c_{ii'}.$$

更新 $S := S \cup \{i_c\}$, $S_{re} := S_{re} \setminus \{i\}$. 对任意的当前连接到顶点 i 的顶点 j (即满足 $\sigma_{mr}(j) = i$ 的顶点), 将其改连到顶点 i_c 上, 并更新 $\sigma(j) := i_c$.

输出 可行解 (S, σ).

用二元组 (S^*, σ^*) 表示 LB k-center 实例 $\mathcal{I}_{Lkc}$ 的最优解, 其中 $S^* \subseteq V$ 表示最优解中选取中心集合, 指派 $\sigma^* : V \to S^*$ 表示顶点集合 V 中顶点到最优选取中心集合 S^* 的连接情况. 对任意的顶点 $i \in V$, 用 $\sigma^*(i)$ 表示顶点 i 在指派 σ^* 下所连接到的中心. 用 OPT_{Lkc} 表示 LB k-center 实例 $\mathcal{I}_{Lkc}$ 的最优解目标值, 即

$$\mathrm{OPT}_{Lkc} = \max_{i \in V} c_{\sigma^*(i)i}.$$

类似地, 用 OPT_{kc} 表示 k-center 实例 $\mathcal{I}_{kc}$ 的最优解目标值; 仍用 $\text{OPT}_{\text{MM}rg}$ 表示 MM r-gather 实例 $\mathcal{I}_{\text{MM}rg}$ 的最优解目标值.

下面的定理给出算法 20 的主要结论.

定理 5.3.3　算法 20 是 LB k-center 的常数近似算法. 对任意的 LB k-center 实例 $\mathcal{I}_{\text{L}kc}$, 算法输出可行解 (S, σ), 即 (S, σ) 满足

$$|S| \leqslant k,$$

且对任意的顶点 $i \in S$ 有

$$|\{j \in V : \sigma(j) = i\}| \geqslant r.$$

同时, 可行解 (S, σ) 的目标值不超过实例 $\mathcal{I}_{\text{L}kc}$ 最优解目标值的 6 倍, 即

$$\max_{i \in V} c_{\sigma(i)i} \leqslant 6 \cdot \text{OPT}_{\text{L}kc}.$$

由算法 20 步 5.2, 可看出任意的顶点 $i \in S$ 均是通过选取 S_{kc} 中的顶点得到的, 所以有

$$|S| \leqslant |S_{kc}| \leqslant k.$$

因此, 解 (S, σ) 满足基数约束. 对任意的顶点 $i \in S$, 由于至少存在某个顶点 $i_{\text{mr}} \in S_{\text{mr}}$ 将其在解 $(S_{\text{mr}}, \sigma_{\text{mr}})$ 下所连接的顶点在解 (S, σ) 下均连接到顶点 i, 所以有

$$|j \in \mathcal{D} : \sigma(j) = i| \geqslant |j \in \mathcal{D} : \sigma_{\text{mr}}(j) = i_{\text{mr}}| \geqslant L.$$

因此, 解 (S, σ) 满足下界约束. 此时可看出, 解 (S, σ) 是 LB k-center 实例 $\mathcal{I}_{\text{L}kc}$ 的可行解. 下面将关注算法 20 的近似比分析. 为证明定理 5.3.3 中的近似比, 需要以下引理.

引理 5.3.4　对任意的顶点 $i \in V$, 其在算法所得可行解 (S, σ) 下的连接费用不超过其在解 (S_{kc}, σ_{kc}) 下的连接费用与 2 倍的其在解 $(S_{\text{mr}}, \sigma_{\text{mr}})$ 下的连接费用求和, 即

$$c_{\sigma(i)i} \leqslant c_{\sigma_{kc}(i)i} + 2c_{\sigma_{\text{mr}}(i)i}.$$

证明　对任意的顶点 $i \in V$, 用 j_c^i 表示在 S_{kc} 中距离 $\sigma_{\text{mr}}(i)$ 最近的顶点. 因此, 在解 (S, σ) 下顶点 i 的连接费用满足

$$c_{\sigma(i)i} = c_{j_c^i i}$$

$$\leqslant c_{j_c^i \sigma_{\text{mr}}(i)} + c_{\sigma_{\text{mr}}(i)i}$$

$$\leqslant c_{\sigma_{kc}(i)\sigma_{mr}(i)} + c_{\sigma_{mr}(i)i}$$

$$\leqslant c_{\sigma_{kc}(i)i} + 2c_{\sigma_{mr}(i)i},$$

本引理得证. □

下面证明算法 20 的近似比. 由于解 (S_{kc}, σ_{kc}) 是 k-center 实例 $\mathcal{I}_{kc}$ 的 τ-近似解, 所以有

$$\max_{i \in V} c_{\sigma_{kc}(i)i} \leqslant \tau \cdot \mathrm{OPT}_{kc}. \tag{5.3.18}$$

由于解 (S_{mr}, σ_{mr}) 是 MM r-gather 实例 $\mathcal{I}_{MMrg}$ 的 κ-近似解, 所以有

$$\max_{i \in V} c_{\sigma_{mr}(i)i} \leqslant \kappa \cdot \mathrm{OPT}_{MMrg}. \tag{5.3.19}$$

由不等式 (5.3.18) 和 (5.3.19), 以及引理 5.3.4, 可得到

$$\max_{i \in V} c_{\sigma(i)i} \leqslant \max_{i \in V} c_{\sigma_{kc}(i)i} + 2 \max_{i \in V} c_{\sigma_{mr}(i)i}$$

$$\leqslant \tau \cdot \mathrm{OPT}_{kc} + 2 \cdot \kappa \cdot \mathrm{OPT}_{MMrg}. \tag{5.3.20}$$

因为引理 5.3.1, 可知 LB k-center 实例 $\mathcal{I}_{Lkc}$ 的最优解也是 k-center 实例 $\mathcal{I}_{kc}$ 的可行解, 所以有

$$\mathrm{OPT}_{kc} \leqslant \mathrm{OPT}_{Lkc}. \tag{5.3.21}$$

因为引理 5.3.2, 可知 LB k-center 实例 $\mathcal{I}_{Lkc}$ 的最优解也是 MM r-gather 实例 $\mathcal{I}_{MMrg}$ 的可行解, 所以有

$$\mathrm{OPT}_{MMrg} \leqslant \mathrm{OPT}_{Lkc}. \tag{5.3.22}$$

结合不等式 (5.3.20)~(5.3.22), 可得到

$$\max_{i \in V} c_{\sigma(i)i} \leqslant \tau \cdot \mathrm{OPT}_{kc} + 2 \cdot \kappa \cdot \mathrm{OPT}_{MMrg}$$

$$\leqslant \tau \cdot \mathrm{OPT}_{Lkc} + 2 \cdot \kappa \cdot \mathrm{OPT}_{Lkc}$$

$$= (\tau + 2\kappa) \cdot \mathrm{OPT}_{Lkc}.$$

由 $\tau = 2$, $\kappa = 2$, 可知近似比为 6.

5.3.2 2-近似算法

算法 21 给出 LB k-center 的 2-近似算法, 算法与给定的 LB k-center 实例 $\mathcal{I}_{\mathrm{Lkc}}$ 的最优解目标值 $\mathrm{OPT}_{\mathrm{Lkc}}$ 相关. 由于 $\mathrm{OPT}_{\mathrm{Lkc}}$ 的取值等于某两点间的连接费用, 因此可通过猜测数值假设已知 $\mathrm{OPT}_{\mathrm{Lkc}}$ 的取值. 算法主要分为两个步骤. 首先, 确定合适的选取中心集合. 然后, 根据选取中心集合构造运输网络, 通过求解运输网络确定每个顶点的连接情况. 算法 21 可看作对算法 18 的推广应用.

算法 21　LB k-center 的 2-近似算法

输入: LB k-center 实例 $\mathcal{I}_{\mathrm{Lkc}} = (V, k, r, \{c_{ij}\}_{i,j \in V})$**, 最优解目标值** $\mathrm{OPT}_{\mathrm{Lkc}}$.

输出: 实例 $\mathcal{I}_{\mathrm{Lkc}}$ **的可行解** (S, σ).

步 1 确定选取中心.

令 $S := \varnothing$, $S_{\mathrm{re}} := V$. 对任意的顶点 $i \in V$, 定义

$$N(i) := \{j \in V : c_{ij} \leqslant 2\mathrm{OPT}_{\mathrm{Lkc}}\}.$$

当 $S_{\mathrm{re}} \neq \varnothing$ 时

任意选取 S_{re} 中某个顶点 i. 更新 $S := S \cup \{i\}$, $S_{\mathrm{re}} := S_{\mathrm{re}} \setminus N(i)$.

步 2 连接所有顶点.

步 2.1 构造运输网络.

按以下方式构造运输网络 $G = (V, A, \{Cap(i,j)\}_{(i,j) \in A})$. 构造源点 s 和汇点 t. 构造顶点集合 V_s 和 V_t 分别满足 $|V_s| = |S|$ 和 $|V_t| = |V|$. 分别将每个 V_s 和 V_t 中的顶点标号为某个 S 和 V 中的顶点, 并且保证 V_s 和 V_t 中所有顶点的标号不重复. 对任意的顶点 $i_s \in V_s$, 用 $s(i_s)$ 表示所标号的 S 中的顶点. 对任意的顶点 $j_t \in V_t$, 用 $v(j_t)$ 表示所标号的 V 中的顶点. 构造边集 $A_s := \{(s, i_s) : i_s \in V_s\}$, $A_m := \{(i_s, j_t) : i_s \in V_s, j_t \in V_t, c_{s(i_s)v(j_t)} \leqslant 2\mathrm{OPT}_{\mathrm{Lkc}}\}$ 和 $A_t := \{(j_t, t) : j_t \in V_t\}$. 定义 $V := \{s\} \cup \{t\} \cup V_s \cup V_t$, $A = A_s \cup A_m \cup A_t$. 对任意的边 $(i,j) \in A$, 定义其容量为

$$\mathrm{Cap}(i,j) := \begin{cases} r, & (i,j) \in A_s, \\ 1, & (i,j) \in A_m \cup A_t. \end{cases}$$

步 2.2 求解运输网络.

调用最大流算法 (参见文献 [67]), 求解运输网络 $G = (V, A, \{\text{Cap}(i,j)\}_{(i,j)\in A})$ 的最大流. 对任意的边 $(i,j) \in A$, 用 $F(i,j)$ 表示最大流中通过其的流量.

步 2.3 连接部分顶点.

对任意的顶点 $i \in V$, 令其处于未被连接状态, 并定义 $\sigma(i) := i$. 对任意的顶点 $i \in V$, 若存在边 $(i_s, j_t) \in A_m$ 满足 $v(j_t) = i$ 且 $F(i_s, j_t) = 1$, 将顶点 i 连接到顶点 $s(i_s) \in S$ 上, 并更新 $\sigma(i) := s(i_s)$.

步 2.4 连接剩余顶点.

对任意未连接的顶点 i, 找到中心 $i_{\text{nc}} := \arg\min_{j\in S} c_{ij}$, 并更新 $\sigma(i) := i_{\text{nc}}$.

输出 可行解 (S, σ).

下面的定理给出算法 21 的主要结论.

定理 5.3.5 算法 21 是 LB k-center 的常数近似算法. 对任意的 LB k-center 实例 $\mathcal{I}_{\text{Lkc}}$, 算法输出可行解 (S, σ), 即 (S, σ) 满足

$$|S| \leqslant k,$$

且对任意的顶点 $i \in S$ 有

$$|\{j \in V : \sigma(j) = i\}| \geqslant r.$$

同时, 可行解 (S, σ) 的目标值不超过实例 $\mathcal{I}_{\text{Lkc}}$ 最优解目标值的 2 倍, 即

$$\max_{i\in V} c_{\sigma(i)i} \leqslant 2 \cdot \text{OPT}_{\text{Lkc}}.$$

为证明算法所得解 (S, σ) 的可行性, 需要以下引理.

引理 5.3.6 运输网络 $G = (V, A, \{\text{Cap}(i,j)\}_{(i,j)\in A})$ 的最大流流量为 $r|S|$.

由于引理 5.3.6 的证明过程与引理 5.1.4 的证明过程类似, 此处省略. 下面证明算法所得解的可行性.

由引理 5.3.6, 可看出算法 21 步 2.3 的连接方式保证了任意的顶点 $i \in S$ 上所连接的顶点个数至少为 r 个, 因此所得解满足下界约束. 对任意的顶点 $i \in S$, 一定存在某个顶点 $i^* \in S^*$ 与其距离不超过 OPT_{Lkc}, 因此在最优解 (S^*, σ^*) 下所有

连接到 i^* 的顶点到 i 的距离均不超过 $2\mathrm{OPT}_{\mathrm{Lkc}}$. 由算法 21 步 1, 可知当顶点 i 被选为中心时, 所有在最优解 (S^*, σ^*) 下连接到 i^* 的顶点均不可能成为中心. 值得注意的是, 对任意的两个顶点 $i, j \in S$, 在 S^* 中与 i 和 j 距离不超过 $\mathrm{OPT}_{\mathrm{Lkc}}$ 的顶点不可能是相同的顶点. 所以算法 21 步 1 选取中心的方式保证了选取中心的个数不超过 k 个, 因此所得解满足基数约束. 此时可看出, 解 (S, σ) 是 LB k-center 实例 $\mathcal{I}_{\mathrm{Lkc}}$ 的可行解.

下面将关注算法 21 的近似比分析. 为证明定理 5.3.5 中的近似比, 需要以下引理.

引理 5.3.7　对任意的顶点 $i \in V$, 其在算法所得可行解 (S, σ) 下的连接费用不超过 LB k-center 实例 $\mathcal{I}_{\mathrm{Lkc}}$ 最优解目标值的 2 倍, 即

$$c_{\sigma(i)i} \leqslant 2\mathrm{OPT}_{\mathrm{Lkc}}.$$

由于引理 5.3.7 的证明过程与引理 5.1.5 的证明过程类似, 此处省略. 由引理 5.3.7, 算法 21 的近似比得证.

5.4　奖励收集的带下界约束的 k-中位问题

在 PLB k-median 的实例 $\mathcal{I}_{\mathrm{PLkm}}$ 中, 给定设施集合 $\mathcal{F}$、顾客集合 $\mathcal{D}$、正整数 k 和非负下界 L. 对任意的 $i, j \in \mathcal{F} \cup \mathcal{D}$, 给定距离 d_{ij}. 假设距离是度量的, 即距离满足以下要求:

- 非负性: 对任意的 $i, j \in \mathcal{F} \cup \mathcal{D}$, 距离 $d_{ij} \geqslant 0$;
- 对称性: 对任意的 $i, j \in \mathcal{F} \cup \mathcal{D}$, 距离 $d_{ii} = 0, d_{ij} = d_{ji}$;
- 三角不等式: 对任意的 $h, i, j \in \mathcal{F} \cup \mathcal{D}$, 距离 $d_{ij} \leqslant d_{ih} + d_{hj}$.

连接顾客 $j \in \mathcal{D}$ 到设施 $i \in \mathcal{F}$ 产生连接费用 c_{ij}, 连接费用等于设施 i 与顾客 j 之间的距离 d_{ij}. 惩罚顾客 $j \in \mathcal{D}$ 产生惩罚费用 p_j. 目标是开设若干设施, 连接部分顾客到开设的设施上, 惩罚剩余的顾客, 使得

- 基数约束被满足: 开设设施的个数不超过 k 个;
- 下界约束被满足: 每个开设设施上所连接的顾客个数至少为 L 个;
- 顾客的连接费用与惩罚费用之和达到最小.

在给出 PLB k-median 的整数规划之前, 需要引入三类 0-1 变量 ($\{x_{ij}\}_{i \in \mathcal{F}, j \in \mathcal{D}}$, $\{y_i\}_{i \in \mathcal{F}}$, $\{z_j\}_{j \in \mathcal{D}}$) 来进行问题刻画.

- 变量 x_{ij} 刻画顾客 j 是否连接到设施 i 上, 取 1 表示连接, 取 0 表示未连接;

- 变量 y_i 刻画设施 i 是否被开设, 取 1 表示开设, 取 0 表示未开设;
- 变量 z_j 刻画顾客 j 是否被惩罚, 取 1 表示被惩罚, 取 0 表示未被惩罚.

下面给出 PLB k-median 的整数规划:

$$\min \quad \sum_{i\in\mathcal{F}}\sum_{j\in\mathcal{D}} c_{ij}x_{ij} + \sum_{j\in\mathcal{D}} p_j z_j \tag{5.4.1}$$

$$\text{s. t.} \quad \sum_{i\in\mathcal{F}} x_{ij} + z_j = 1, \qquad \forall j\in\mathcal{D}, \tag{5.4.2}$$

$$x_{ij} \leqslant y_i, \qquad \forall i\in\mathcal{F}, j\in\mathcal{D}, \tag{5.4.3}$$

$$\sum_{j\in\mathcal{D}} x_{ij} \geqslant Ly_i, \qquad \forall i\in\mathcal{F}, \tag{5.4.4}$$

$$\sum_{i\in\mathcal{F}} y_i \leqslant k, \tag{5.4.5}$$

$$x_{ij} \in \{0,1\}, \qquad \forall i\in\mathcal{F}, j\in\mathcal{D}, \tag{5.4.6}$$

$$y_i \in \{0,1\}, \qquad \forall i\in\mathcal{F}, \tag{5.4.7}$$

$$z_j \in \{0,1\}, \qquad \forall j\in\mathcal{D}. \tag{5.4.8}$$

在规划 (5.4.1)-(5.4.8) 中, 目标函数 (5.4.1) 是顾客的连接费用与惩罚费用之和; 约束 (5.4.2) 保证每个顾客 j 或者连接到某个设施上或者被惩罚; 约束 (5.4.3) 保证如果存在某个顾客 j 连接到设施 i 上, 那么设施 i 一定要被开设; 约束 (5.4.4) 保证每个开设设施 i 上所连接的顾客个数至少为 L 个 (即满足下界约束); 约束 (5.4.5) 保证开设设施的个数不超过 k 个 (即满足基数约束).

在介绍 PLB k-median 的双标准近似算法之前, 给出奖励收集的 k-设施选址问题 (prize-collecting k-facility location problem, 简记 P k-FL) 的具体描述. 在 P k-FL 的实例 $\mathcal{I}_{\mathrm{PkF}}$ 中, 给定设施集合 $\mathcal{F}$、顾客集合 $\mathcal{D}$ 和正整数 k. 对任意的 $i,j \in \mathcal{F} \cup \mathcal{D}$, 给定距离 d_{ij}. 假设距离是度量的. 开设设施 $i \in \mathcal{F}$ 产生开设费用 f_i. 连接顾客 $j \in \mathcal{D}$ 到设施 $i \in \mathcal{F}$ 产生连接费用 c_{ij}, 连接费用等于设施 i 与顾客 j 之间的距离 d_{ij}. 惩罚顾客 $j \in \mathcal{D}$ 产生惩罚费用 p_j. 目标是开设至多 k 个设施, 连接部分顾客到开设的设施上, 惩罚剩余的顾客, 使得设施的开设费用、顾客的连接费用与惩罚费用之和达到最小.

在给出 P k-FL 的整数规划之前, 同样需要引入三类 0-1 变量 ($\{x_{ij}\}_{i\in\mathcal{F},j\in\mathcal{D}}$, $\{y_i\}_{i\in\mathcal{F}}$, $\{z_j\}_{j\in\mathcal{D}}$) 来进行问题刻画. 变量 x_{ij} 刻画顾客 j 是否连接到设施 i 上, 取 1 表示连接, 取 0 表示未连接; 变量 y_i 刻画设施 i 是否被开设, 取 1 表示开设,

取 0 表示未开设; 变量 z_j 刻画顾客 j 是否被惩罚, 取 1 表示被惩罚, 取 0 表示未被惩罚. 下面给出 P k-FL 的整数规划:

$$\min \quad \sum_{i \in \mathcal{F}} f_i y_i + \sum_{i \in \mathcal{F}} \sum_{j \in \mathcal{D}} c_{ij} x_{ij} + \sum_{j \in \mathcal{D}} p_j z_j \tag{5.4.9}$$

$$\text{s. t.} \quad \sum_{i \in \mathcal{F}} x_{ij} + z_j = 1, \qquad\qquad \forall j \in \mathcal{D}, \tag{5.4.10}$$

$$x_{ij} \leqslant y_i, \qquad\qquad \forall i \in \mathcal{F}, j \in \mathcal{D}, \tag{5.4.11}$$

$$\sum_{i \in \mathcal{F}} y_i \leqslant k, \tag{5.4.12}$$

$$x_{ij} \in \{0, 1\}, \qquad\qquad \forall i \in \mathcal{F}, j \in \mathcal{D}, \tag{5.4.13}$$

$$y_i \in \{0, 1\}, \qquad\qquad \forall i \in \mathcal{F}, \tag{5.4.14}$$

$$z_j \in \{0, 1\}, \qquad\qquad \forall j \in \mathcal{D}. \tag{5.4.15}$$

规划 (5.4.9)~(5.4.15) 与 PLB k-median 的整数规划 (5.4.1)~(5.4.8) 相比, 目标函数上增加了设施的开设费用之和, 约束上减少了下界约束.

对于 PLB k-median 和 P k-FL, 以下引理成立.

引理 5.4.1　由规划 (5.4.1)~(5.4.8) 和 (5.4.9)~(5.4.15) 可看出, 当给定的 PLB k-median 和 P k-FL 实例中设施集合 $\mathcal{F}$、顾客集合 $\mathcal{D}$ 和正整数 k 这三项输入相同时, 任意 PLB k-median 实例的可行解也是 P k-FL 实例的可行解.

引理 5.4.2　当 P k-FL 实例中开设设施已确定, 每个被连接的顾客都会连接到开设设施中与其之间连接费用最小的设施上, 即连接到开设设施中距离其最近的设施上.

在介绍 PLB k-median 的双标准近似算法之前, 给出以下定义. 对任意的设施 $i \in \mathcal{F}$, 用 $\mathcal{D}_i$ 表示距离设施 i 最近的 L 个顾客, 也就是与设施 i 之间连接费用最小的 L 个顾客. 引入虚拟设施 i_{p}, 用三元组 (S, P, σ) 表示 PLB k-median 实例 $\mathcal{I}_{\mathrm{PLkm}}$ 及其相关问题实例的解, 其中 $S \subseteq \mathcal{F}$ 表示解在 $\mathcal{F}$ 中开设的设施, $P \subseteq \mathcal{D}$ 表示解中被惩罚的顾客集合, 指派 $\sigma : \mathcal{D} \to S \cup \{i_{\mathrm{p}}\}$ 表示顾客集合 $\mathcal{D}$ 中顾客到设施集合 $S \cup \{i_{\mathrm{p}}\}$ 的连接情况. 对任意的顾客 $j \in \mathcal{D}$, 如果 $\sigma(j) \in S$, 用 $\sigma(j)$ 表示顾客 j 所连接的设施; 如果 $\sigma(j) = i_{\mathrm{p}}$, 意味着顾客 j 被惩罚.

算法 22 给出 PLB k-median 的双标准近似算法, 算法主要分为三个步骤. 首先, 选取参数 $\alpha \in (0, 1)$. 根据参数 α, 基于给定的 PLB k-median 实例 $\mathcal{I}_{\mathrm{PLkm}}$ 构造出相应的 P k-FL 实例 $\mathcal{I}_{\mathrm{PkF}}$. 然后, 调用 P k-FL 目前最好的近似算法来求解实

例 $\mathcal{I}_{\mathrm{P}k\mathrm{F}}$, 得到解 $(S_{\mathrm{mid}}, P_{\mathrm{mid}}, \sigma_{\mathrm{mid}})$. 虽然解 $(S_{\mathrm{mid}}, P_{\mathrm{mid}}, \sigma_{\mathrm{mid}})$ 并不是实例 $\mathcal{I}_{\mathrm{PL}km}$ 的双标准近似解, 但是仍可在其基础上进行设施的关闭以及顾客的改连, 从而得到最终的双标准近似解. 算法 22 可看作对算法 1 的推广应用.

算法 22　PLB k-median 的双标准近似算法

输入: PLB k-median 实例 $\mathcal{I}_{\mathrm{PL}km} = (\mathcal{F}, \mathcal{D}, k, L, \{c_{ij}\}_{i \in \mathcal{F}, j \in \mathcal{D}}, \{p_j\}_{j \in \mathcal{D}})$.

输出: 实例 $\mathcal{I}_{\mathrm{PL}km}$ **的双标准近似解** $(S_{\mathrm{bi}}, P_{\mathrm{bi}}, \sigma_{\mathrm{bi}})$.

步 1 基于 PLB k-median 实例 $\mathcal{I}_{\mathrm{PL}km}$ **构造 P k-FL 实例** $\mathcal{I}_{\mathrm{P}kF}$.

选取参数 $\alpha \in (0,1)$. 对 PLB k-median 实例 $\mathcal{I}_{\mathrm{PL}km}$, 去除下界输入 L, 对任意的设施 $i \in \mathcal{F}$, 定义开设费用为

$$f_i := \frac{1+\alpha}{1-\alpha} \sum_{j \in \mathcal{D}_i} c_{ij},$$

得到 P k-FL 实例 $\mathcal{I}_{\mathrm{P}kF} = (\mathcal{F}, \mathcal{D}, k, \{f_i\}_{i \in \mathcal{F}}, \{c_{ij}\}_{i \in \mathcal{F}, j \in \mathcal{D}}, \{p_j\}_{j \in \mathcal{D}})$.

步 2 求解 P k-FL 实例 $\mathcal{I}_{\mathrm{P}kF}$ **得到解** $(S_{\mathrm{mid}}, P_{\mathrm{mid}}, \sigma_{\mathrm{mid}})$.

调用 P k-FL 目前最好的 ω-近似算法求解实例 $\mathcal{I}_{\mathrm{P}kF}$, 得到实例 $\mathcal{I}_{\mathrm{P}kF}$ 的可行解 $(S_{\mathrm{mid}}, P_{\mathrm{mid}}, \sigma_{\mathrm{mid}})$, 其中 $\omega = 2 + \sqrt{3} + \epsilon$ (参见文献 [37]).

步 3 构造 PLB k-median 实例 $\mathcal{I}_{\mathrm{PL}km}$ **的双标准近似解** $(S_{\mathrm{bi}}, P_{\mathrm{bi}}, \sigma_{\mathrm{bi}})$.

步 3.1 初始化.

令 $S_{\mathrm{bi}} := S_{\mathrm{mid}}, P_{\mathrm{bi}} := P_{\mathrm{mid}}$. 对任意的顾客 $j \in \mathcal{D}$, 令 $\sigma_{\mathrm{bi}}(j) := \sigma_{\mathrm{mid}}(j)$. 对任意的设施 $i \in \mathcal{F}$, 定义 $T_i := \{j \in \mathcal{D} : \sigma_{\mathrm{bi}}(j) = i\}$ 和 $P_i := \{j \in \mathcal{D} : j \in \mathcal{D}_i, \sigma_{\mathrm{bi}}(j) = i_{\mathrm{p}}\}$. 令 $n_i := |T_i|, m_i := |P_i|$. 定义 $S_{\mathrm{re}} := \{i \in S_{\mathrm{bi}} : n_i < \alpha L\}$.

步 3.2 关闭设施并重新连接顾客.

当 $S_{\mathrm{re}} \neq \varnothing$ 时

任意选取 S_{re} 中的某个设施 i, 此时有两种可能的情况.

情况 1. $n_i + m_i < \alpha L$.

将设施 i 进行关闭. 对任意的顾客 $j \in T_i$, 将其改连到 $S_{\mathrm{bi}} \setminus \{i\}$ 中与其距离最近的设施 i_{clo} 上, 并更新 $\sigma_{\mathrm{bi}}(j) := i_{\mathrm{clo}}$. 更新 $S_{\mathrm{bi}} := S_{\mathrm{bi}} \setminus \{i\}$. 对任意的设施 $i \in \mathcal{F}$, 更新 T_i 和 n_i. 更新 S_{re}.

情况 2. $n_i + m_i \geqslant \alpha L$.

对任意的顾客 $j \in P_i$, 将其改连到 S_{bi} 中与其距离最近的设施 i_{clo} 上, 并更新 $\sigma_{\mathrm{bi}}(j) := i_{\mathrm{clo}}$. 更新 $P_{\mathrm{bi}} := P_{\mathrm{bi}} \setminus P_i$. 对任意的设施 $i \in \mathcal{F}$, 更新 T_i, P_i, n_i 和 m_i. 更新 S_{re}.

输出 双标准近似解 $(S_{\mathrm{bi}}, P_{\mathrm{bi}}, \sigma_{\mathrm{bi}})$.

用二元组 (S^*, P^*, σ^*) 表示 PLB k-median 实例 $\mathcal{I}_{\mathrm{PLkm}}$ 的最优解, 其中 $S^* \subseteq \mathcal{F}$ 表示最优解在 $\mathcal{F}$ 中开设的设施, $P^* \subseteq \mathcal{D}$ 表示最优解中被惩罚的顾客集合, 指派 $\sigma : \mathcal{D} \to S^* \cup \{i_{\mathrm{p}}\}$ 表示顾客集合 $\mathcal{D}$ 中顾客到设施集合 $S^* \cup \{i_{\mathrm{p}}\}$ 的连接情况. 对任意的顾客 $j \in \mathcal{D}$, 如果 $\sigma^*(j) \in S$, 用 $\sigma^*(j)$ 表示顾客 j 在最优解下所连接的设施; 如果 $\sigma^*(j) = i_{\mathrm{p}}$, 意味着顾客 j 在最优解下被惩罚. 用 $\mathrm{OPT}_{\mathrm{PLkm}}$ 表示 PLB k-median 实例 $\mathcal{I}_{\mathrm{PLkm}}$ 的最优解目标值, 即

$$\mathrm{OPT}_{\mathrm{PLkm}} = \sum_{j \in \mathcal{D} \setminus P^*} c_{\sigma^*(j)j} + \sum_{j \in P^*} p_j.$$

类似地, 用 $\mathrm{OPT}_{\mathrm{PkF}}$ 表示 P k-FL 实例 $\mathcal{I}_{\mathrm{PkF}}$ 的最优解目标值.

下面的定理给出算法 22 的主要结论.

定理 5.4.3　算法 22 是 PLB k-median 的双标准近似算法. 对任意的 PLB k-median 实例 $\mathcal{I}_{\mathrm{PLkm}}$, 算法输出双标准近似解 $(S_{\mathrm{bi}}, P_{\mathrm{bi}}, \sigma_{\mathrm{bi}})$, 即 $(S_{\mathrm{bi}}, P_{\mathrm{bi}}, \sigma_{\mathrm{bi}})$ 满足

$$|S_{\mathrm{bi}}| \leqslant k,$$

且对任意的设施 $i \in S_{\mathrm{bi}}$ 有

$$|\{j \in \mathcal{D} : \sigma_{\mathrm{bi}}(j) = i\}| \geqslant \alpha L.$$

同时, 双标准近似解 $(S_{\mathrm{bi}}, P_{\mathrm{bi}}, \sigma_{\mathrm{bi}})$ 的目标值不超过实例 $\mathcal{I}_{\mathrm{PLkm}}$ 最优解目标值的 $\dfrac{2\theta}{1-\alpha}$ 倍, 即

$$\sum_{j \in \mathcal{D} \setminus P_{\mathrm{bi}}} c_{\sigma_{\mathrm{bi}}(j)j} + \sum_{j \in P_{\mathrm{bi}}} p_j \leqslant \frac{2\theta}{1-\alpha} \cdot \mathrm{OPT}_{\mathrm{PLkm}},$$

其中 $\alpha \in (0,1)$, $\omega = 2 + \sqrt{3} + \epsilon$.

不难看出, 算法 22 步 2 保证了所得解满足基数约束. 算法 22 步 3 结束时, 对任意的设施 $i \in S_{\mathrm{bi}}$, 均有

$$|\{j \in \mathcal{D} : \sigma_{\mathrm{bi}}(j) = i\}| = n_i \geqslant \alpha L.$$

故步 3 保证了所得解近似满足下界约束. 下面将关注算法 22 的近似比分析. 为证明定理 5.4.3 中的近似比, 需要以下引理.

引理 5.4.4 对 P k-FL 实例 $\mathcal{I}_{\mathrm{PkF}}$ 的可行解 $(S_{\mathrm{mid}}, P_{\mathrm{mid}}, \sigma_{\mathrm{mid}})$, 其目标值不超过 PLB k-median 实例 $\mathcal{I}_{\mathrm{PLkm}}$ 最优解目标值的 $\dfrac{2\theta}{1-\alpha}$ 倍, 即

$$\sum_{i \in S_{\mathrm{mid}}} f_i + \sum_{j \in \mathcal{D} \setminus P_{\mathrm{mid}}} c_{\sigma_{\mathrm{mid}}(j)j} + \sum_{j \in P_{\mathrm{mid}}} p_j \leqslant \frac{2\theta}{1-\alpha} \cdot \mathrm{OPT}_{\mathrm{PLkm}},$$

其中 $\alpha \in (0,1)$, $\omega = 2 + \sqrt{3} + \epsilon$.

证明 由引理 5.4.1, 可知 PLB k-median 实例 $\mathcal{I}_{\mathrm{PLkm}}$ 的最优解 (S^*, P^*, σ^*) 是 P k-FL 实例 $\mathcal{I}_{\mathrm{PkF}}$ 的可行解. 因此,

$$\mathrm{OPT}_{\mathrm{PkF}} \leqslant \sum_{i \in S^*} f_i + \sum_{j \in \mathcal{D} \setminus P^*} c_{\sigma^*(j)j} + \sum_{j \in P^*} p_j. \tag{5.4.16}$$

解 (S^*, P^*, σ^*) 在 P k-FL 实例 $\mathcal{I}_{\mathrm{PkF}}$ 下的总开设费用为

$$\sum_{i \in S^*} f_i = \sum_{i \in S^*} \left(\frac{1+\alpha}{1-\alpha} \sum_{j \in \mathcal{D}_i} c_{ij} \right) = \frac{1+\alpha}{1-\alpha} \sum_{i \in S^*} \sum_{j \in \mathcal{D}_i} c_{ij}.$$

由 $\mathcal{D}_i$ 的定义, 以及任意的设施 $i \in S^*$ 在最优解 (S^*, P^*, σ^*) 中一定至少连接 L 个顾客, 可令费用 $\sum_{j \in \mathcal{D}_i} c_{ij}$ 作为最优解 (S^*, P^*, σ^*) 中连接到设施 $i \in S^*$ 的顾客的总连接费用的下界. 因此, 解 (S^*, P^*, σ^*) 在实例 $\mathcal{I}_{\mathrm{PkF}}$ 下的总开设费用满足

$$\sum_{i \in S^*} f_i \leqslant \frac{1+\alpha}{1-\alpha} \sum_{i \in S^*} \sum_{j \in \mathcal{D} : \sigma^*(j)=i} c_{ij}$$

$$= \frac{1+\alpha}{1-\alpha} \sum_{j \in \mathcal{D} \setminus P^*} c_{\sigma^*(j)j}$$

$$\leqslant \frac{1+\alpha}{1-\alpha} \mathrm{OPT}_{\mathrm{PLkm}}. \tag{5.4.17}$$

解 (S^*, P^*, σ^*) 在实例 $\mathcal{I}_{\mathrm{P}k\mathrm{F}}$ 下的连接费用与惩罚费用之和满足

$$\sum_{j \in \mathcal{D} \setminus P^*} c_{\sigma^*(j)j} + \sum_{j \in P^*} p_j = \mathrm{OPT}_{\mathrm{PL}km}. \tag{5.4.18}$$

结合不等式 (5.4.16)~(5.4.18), 可得到

$$\mathrm{OPT}_{\mathrm{P}k\mathrm{F}} \leqslant \left(\frac{1+\alpha}{1-\alpha} + 1 \right) \cdot \mathrm{OPT}_{\mathrm{PL}km} = \frac{2}{1-\alpha} \cdot \mathrm{OPT}_{\mathrm{PL}km}. \tag{5.4.19}$$

由算法 22 步 2, 可得到

$$\sum_{i \in S_{\mathrm{mid}}} f_i + \sum_{j \in \mathcal{D} \setminus P_{\mathrm{mid}}} c_{\sigma_{\mathrm{mid}}(j)j} + \sum_{j \in P_{\mathrm{mid}}} p_j \leqslant \theta \cdot \mathrm{OPT}_{\mathrm{P}k\mathrm{F}}. \tag{5.4.20}$$

结合不等式 (5.4.19) 和 (5.4.20), 可得到

$$\sum_{i \in S_{\mathrm{mid}}} f_i + \sum_{j \in \mathcal{D} \setminus P_{\mathrm{mid}}} c_{\sigma_{\mathrm{mid}}(j)j} + \sum_{j \in P_{\mathrm{mid}}} p_j \leqslant \frac{2\theta}{1-\alpha} \cdot \mathrm{OPT}_{\mathrm{PL}km},$$

本引理得证. □

引理 5.4.5　对 PLB k-median 实例 $\mathcal{I}_{\mathrm{PL}km}$ 的算法所得双标准近似解 $(S_{\mathrm{bi}}, P_{\mathrm{bi}}, \sigma_{\mathrm{bi}})$, 其目标值不超过 P k-FL 实例 $\mathcal{I}_{\mathrm{P}k\mathrm{F}}$ 的可行解 $(S_{\mathrm{mid}}, P_{\mathrm{mid}}, \sigma_{\mathrm{mid}})$ 的目标值, 即

$$\sum_{j \in \mathcal{D} \setminus P_{\mathrm{bi}}} c_{\sigma_{\mathrm{bi}}(j)j} + \sum_{j \in P_{\mathrm{bi}}} p_j \leqslant \sum_{i \in S_{\mathrm{mid}}} f_i + \sum_{j \in \mathcal{D} \setminus P_{\mathrm{mid}}} c_{\sigma_{\mathrm{mid}}(j)j} + \sum_{j \in P_{\mathrm{mid}}} p_j.$$

证明　由于 $P_{\mathrm{bi}} \subseteq P_{\mathrm{mid}}$ (即 $\mathcal{D} \setminus P_{\mathrm{mid}} \subseteq \mathcal{D} \setminus P_{\mathrm{bi}}$), 因此证明此引理等价于证明不等式

$$\sum_{j \in \mathcal{D} \setminus P_{\mathrm{mid}}} \left(c_{\sigma_{\mathrm{bi}}(j)j} - c_{\sigma_{\mathrm{mid}}(j)j} \right) + \sum_{j \in P_{\mathrm{mid}} \setminus P_{\mathrm{bi}}} \left(c_{\sigma_{\mathrm{bi}}(j)j} - p_j \right) \leqslant \sum_{i \in S_{\mathrm{mid}}} f_i. \tag{5.4.21}$$

由算法 22 步 3.2, 定义被关闭设施集合为 $S_{\mathrm{clo}} := S_{\mathrm{mid}} \setminus S_{\mathrm{bi}}$. 对任意的设施 $i \in S_{\mathrm{clo}}$, 用 T_i^{rc} 表示因设施 i 关闭而改连的顾客. 用 $\mathrm{cost}(T_i^{\mathrm{rc}})$ 表示改连 T_i^{rc} 中顾客所产生的连接费用变化. 值得注意的是, 可能存在某些顾客 $j \in T_i^{\mathrm{rc}}$ 有 $\sigma_{\mathrm{mid}}(j) = i_{\mathrm{p}}$. 对任意的顾客 $j \in P_{\mathrm{mid}} \setminus P_{\mathrm{bi}}$, 用 $i_j \in S_{\mathrm{mid}}$ 表示顾客 j 在算法 22 步 3.2 中首次连

接到的设施, 并用 $\mathrm{cost}(j)$ 表示将顾客 j 由被惩罚改为被连接所产生的费用变化, 即 $\mathrm{cost}(j) = c_{i_j j} - p_j$. 因此, 可得到

$$\sum_{j \in \mathcal{D} \setminus P_{\mathrm{mid}}} \left(c_{\sigma_{\mathrm{bi}}(j)j} - c_{\sigma_{\mathrm{mid}}(j)j} \right) + \sum_{j \in P_{\mathrm{mid}} \setminus P_{\mathrm{bi}}} \left(c_{\sigma_{\mathrm{bi}}(j)j} - p_j \right)$$

$$\leqslant \sum_{i \in S_{\mathrm{clo}}} \mathrm{cost}(T_i^{\mathrm{rc}}) + \sum_{j \in P_{\mathrm{mid}} \setminus P_{\mathrm{bi}}} \mathrm{cost}(j). \tag{5.4.22}$$

对任意的设施 $i \in S_{\mathrm{clo}}$, 用 P_i^{rc} 表示当设施 i 关闭时集合 $\mathcal{D}_i$ 中被惩罚的顾客. 由于对任意的设施 $i \in S_{\mathrm{clo}}$ 有 $|T_i^{\mathrm{rc}}| + |P_i^{\mathrm{rc}}| < \alpha L$, 因此

$$\left| \mathcal{D}_i \setminus (T_i^{\mathrm{rc}} \cup P_i^{\mathrm{rc}}) \right| > L - \alpha L = (1 - \alpha)L.$$

所以, 一定存在某个顾客 $j \in \mathcal{D}_i \setminus (T_i^{\mathrm{rc}} \cup P_i^{\mathrm{rc}})$ 满足

$$c_{ij} \leqslant \frac{\sum\limits_{j \in \mathcal{D}_i} c_{ij}}{\left| \mathcal{D}_i \setminus (T_i^{\mathrm{rc}} \cup P_i^{\mathrm{rc}}) \right|} \leqslant \frac{\sum\limits_{j \in \mathcal{D}_i} c_{ij}}{(1 - \alpha)L}.$$

假设当设施 i 关闭时, 顾客 j 与设施 i' 相连. 由引理 5.4.2 和算法 22 步 3.2, 可得到 $c_{i'j} \leqslant c_{ij}$. 因此, 对任意的顾客 $j' \in T_i^{\mathrm{rc}}$, 其改连所产生的连接费用变化至多为

$$c_{ij} + c_{i'j} \leqslant 2c_{ij} \leqslant \frac{2 \sum\limits_{j \in \mathcal{D}_i} c_{ij}}{(1 - \alpha)L}.$$

所有 T_i^{rc} 中的顾客改连所产生的连接费用变化满足

$$\mathrm{cost}(T_i^{\mathrm{rc}}) \leqslant |T_i^{\mathrm{rc}}| \cdot \frac{2 \sum\limits_{j \in \mathcal{D}_i} c_{ij}}{(1 - \alpha)L} \leqslant \alpha L \cdot \frac{2 \sum\limits_{j \in \mathcal{D}_i} c_{ij}}{(1 - \alpha)L} = \frac{2\alpha}{1 - \alpha} \sum_{j \in \mathcal{D}_i} c_{ij}.$$

因此, 由 $S_{\mathrm{clo}} \subseteq S_{\mathrm{mid}}$ 可得到

$$\sum_{i \in S_{\mathrm{clo}}} \mathrm{cost}(T_i^{\mathrm{rc}}) \leqslant \sum_{i \in S_{\mathrm{clo}}} \frac{2\alpha}{1 - \alpha} \sum_{j \in \mathcal{D}_i} c_{ij} \leqslant \sum_{i \in S_{\mathrm{mid}}} \frac{2\alpha}{1 - \alpha} \sum_{j \in \mathcal{D}_i} c_{ij}. \tag{5.4.23}$$

所有 $P_{\mathrm{mid}} \setminus P_{\mathrm{bi}}$ 中顾客由被惩罚改为被连接所产生的费用变化满足

$$\sum_{j \in P_{\mathrm{mid}} \setminus P_{\mathrm{bi}}} \mathrm{cost}(j) \leqslant \sum_{j \in P_{\mathrm{mid}} \setminus P_{\mathrm{bi}}} c_{i_j j} \leqslant \sum_{i \in S_{\mathrm{mid}}} \sum_{j \in \mathcal{D}_i} c_{ij}. \tag{5.4.24}$$

由不等式 (5.4.23) 和 (5.4.24), 可得到

$$\sum_{i \in S_{\mathrm{clo}}} \mathrm{cost}(T_i^{\mathrm{rc}}) + \sum_{j \in P_{\mathrm{mid}} \setminus P_{\mathrm{bi}}} \mathrm{cost}(j) \leqslant \sum_{i \in S_{\mathrm{mid}}} \frac{1+\alpha}{1-\alpha} \sum_{j \in \mathcal{D}_i} c_{ij} \leqslant \sum_{i \in S_{\mathrm{mid}}} f_i. \quad (5.4.25)$$

结合不等式 (5.4.22) 和 (5.4.25), 不等式 (5.4.21) 得证, 本引理得证.　　　□

结合引理 5.4.4 和 5.4.5, 定理 5.4.3 中的近似比得证.

5.5　带弱下界约束的 k-中位问题

在 WLB k-median 的实例 $\mathcal{I}_{\mathrm{WLkm}}$ 中, 给定设施集合 $\mathcal{F}$、顾客集合 $\mathcal{D}$、正整数 k 和非负下界 L. 对任意的 $i, j \in \mathcal{F} \cup \mathcal{D}$, 给定距离 d_{ij}. 假设距离是度量的, 即距离满足以下要求:

- 非负性: 对任意的 $i, j \in \mathcal{F} \cup \mathcal{D}$, 距离 $d_{ij} \geqslant 0$;
- 对称性: 对任意的 $i, j \in \mathcal{F} \cup \mathcal{D}$, 距离 $d_{ii} = 0, d_{ij} = d_{ji}$;
- 三角不等式: 对任意的 $h, i, j \in \mathcal{F} \cup \mathcal{D}$, 距离 $d_{ij} \leqslant d_{ih} + d_{hj}$.

连接顾客 $j \in \mathcal{D}$ 到设施 $i \in \mathcal{F}$ 产生连接费用 c_{ij}, 连接费用等于设施 i 与顾客 j 之间的距离 d_{ij}. 目标是开设若干设施, 连接每个顾客到某个或多个开设的设施上, 使得

- 基数约束被满足: 开设设施的个数不超过 k 个;
- 弱下界约束被满足: 在每个顾客可同时被连接到多个不同的开设设施上的前提下, 每个开设设施上所连接的顾客个数至少为 L 个;
- 所有产生的连接费用之和达到最小.

值得注意的是, 在 WLB k-median 中, 虽然每个顾客可被连接多次, 但是顾客被连接到某个相同的设施上的次数至多为 1.

在给出 WLB k-median 的整数规划之前, 需要引入两类 0-1 变量 ($\{x_{ij}\}_{i \in \mathcal{F}, j \in \mathcal{D}}$, $\{y_i\}_{i \in \mathcal{F}}$) 来进行问题刻画.

- 变量 x_{ij} 刻画顾客 j 是否连接到设施 i 上, 取 1 表示连接, 取 0 表示未连接;
- 变量 y_i 刻画设施 i 是否被开设, 取 1 表示开设, 取 0 表示未开设.

下面给出 WLB k-median 的整数规划:

$$\min \quad \sum_{i \in \mathcal{F}} \sum_{j \in \mathcal{D}} c_{ij} x_{ij} \quad (5.5.1)$$

$$\text{s. t.} \quad \sum_{i \in \mathcal{F}} x_{ij} \geqslant 1, \qquad\qquad \forall j \in \mathcal{D}, \qquad\qquad (5.5.2)$$

$$x_{ij} \leqslant y_i, \qquad\qquad \forall i \in \mathcal{F}, j \in \mathcal{D}, \qquad (5.5.3)$$

$$\sum_{j \in \mathcal{D}} x_{ij} \geqslant L y_i, \qquad\qquad \forall i \in \mathcal{F}, \qquad\qquad (5.5.4)$$

$$\sum_{i \in \mathcal{F}} y_i \leqslant k, \qquad\qquad\qquad\qquad\qquad (5.5.5)$$

$$x_{ij} \in \{0, 1\}, \qquad\qquad \forall i \in \mathcal{F}, j \in \mathcal{D}, \qquad (5.5.6)$$

$$y_i \in \{0, 1\}, \qquad\qquad \forall i \in \mathcal{F}. \qquad\qquad (5.5.7)$$

规划 (5.5.1)~(5.5.7) 与 LB k-median 的整数规划 (2.1.1)~(2.1.7) 相比, 约束 (5.5.2) 使得每个顾客均可被连接到多个开设的设施上.

在介绍 WLB k-median 的近似算法之前, 给出以下定义. 对任意的设施 $i \in \mathcal{F}$, 用 $\mathcal{D}_i$ 表示距离设施 i 最近的 L 个顾客, 也就是与设施 i 之间连接费用最小的 L 个顾客. 对任意的设施集合 $S' \subseteq \mathcal{F}$, 定义 $\mathcal{P}(S') := \{S : S \subseteq S'\}$. 用二元组 $(S_{\mathrm{WLkm}}, \psi_{\mathrm{WLkm}})$ 表示 WLB k-median 实例 $\mathcal{I}_{\mathrm{WLkm}}$ 的解, 其中 $S_{\mathrm{WLkm}} \subseteq \mathcal{F}$ 表示解中开设设施集合, 指派 $\psi_{\mathrm{WLkm}} : \mathcal{D} \to \mathcal{P}(S_{\mathrm{WLkm}})$ 表示顾客集合 $\mathcal{D}$ 中顾客的连接情况. 对任意的顾客 $j \in \mathcal{D}$, 用 $\psi_{\mathrm{WLkm}}(j)$ 表示顾客 j 在指派 ψ_{WLkm} 下所连接到的所有设施所构成的集合. 求解 k-FL 是 WLB k-median 的近似算法中的重要步骤. 对 k-FL 的问题描述参见 2.2 节. 用二元组 $(S_{k\mathrm{F}}, \sigma_{k\mathrm{F}})$ 表示 k-FL 实例 $\mathcal{I}_{k\mathrm{F}}$ 的解, 其中 $S_{k\mathrm{F}} \subseteq \mathcal{F}$ 表示解中开设设施集合, 指派 $\sigma_{k\mathrm{F}} : \mathcal{D} \to S_{k\mathrm{F}}$ 表示顾客集合 $\mathcal{D}$ 中顾客到开设设施集合 $S_{k\mathrm{F}}$ 的连接情况. 对任意的顾客 $j \in \mathcal{D}$, 用 $\sigma_{k\mathrm{F}}(j)$ 表示顾客 j 在指派 $\sigma_{k\mathrm{F}}$ 下所连接到的设施.

算法 23 给出 WLB k-median 的 8-近似算法, 算法主要分为三个步骤. 首先, 基于给定的 WLB k-median 实例 $\mathcal{I}_{\mathrm{WLkm}}$ 构造出相应的 k-FL 实例 $\mathcal{I}_{k\mathrm{F}}$. 然后, 调用 k-FL 目前最好的近似算法来求解实例 $\mathcal{I}_{k\mathrm{F}}$, 得到解 $(S_{\mathrm{mid}}, \sigma_{\mathrm{mid}})$. 最后, 基于解 $(S_{\mathrm{mid}}, \sigma_{\mathrm{mid}})$, 定义出满足弱下界约束的指派 ψ, 从而得到 WLB k-median 实例 $\mathcal{I}_{\mathrm{WLkm}}$ 的可行解 (S, ψ).

算法 23 WLB k-median 的 8-近似算法

输入: WLB k-median 实例 $\mathcal{I}_{\mathrm{WLkm}} = (\mathcal{F}, \mathcal{D}, k, L, \{c_{ij}\}_{i \in \mathcal{F}, j \in \mathcal{D}})$.

输出: 实例 $\mathcal{I}_{\mathrm{WLkm}}$ **的可行解** (S, ψ).

步 1 基于 WLB k-median 实例 $\mathcal{I}_{\mathrm{WL}km}$ 构造 k-FL 实例 $\mathcal{I}_{k\mathrm{F}}$.

对 WLB k-median 实例 $\mathcal{I}_{\mathrm{WL}km}$, 去除下界输入 L, 对任意的设施 $i \in \mathcal{F}$, 定义开设费用为

$$f_i := \sum_{j \in \mathcal{D}_i} c_{ij},$$

得到 k-FL 实例 $\mathcal{I}_{k\mathrm{F}} = (\mathcal{F}, \mathcal{D}, k, \{f_i\}_{i \in \mathcal{F}}, \{c_{ij}\}_{i \in \mathcal{F}, j \in \mathcal{D}})$.

步 2 求解 k-FL 实例 $\mathcal{I}_{k\mathrm{F}}$ 得到解 $(S_{\mathrm{mid}}, \sigma_{\mathrm{mid}})$.

调用 k-FL 目前最好的 ρ-近似算法求解实例 $\mathcal{I}_{k\mathrm{F}}$, 得到实例 $\mathcal{I}_{k\mathrm{F}}$ 的可行解 $(S_{\mathrm{mid}}, \sigma_{\mathrm{mid}})$, 其中 $\rho = 2 + \sqrt{3} + \epsilon$ (参见文献 [25]).

步 3 基于解 $(S_{\mathrm{mid}}, \sigma_{\mathrm{mid}})$, 构造 WLB k-median 实例 $\mathcal{I}_{\mathrm{WL}km}$ 的可行解 (S, ψ).

步 3.1 初始化.

令 $S := S_{\mathrm{mid}}$. 对任意的顾客 $j \in \mathcal{D}$, 令 $\psi(j) := \{i \in \mathcal{F} : \sigma_{\mathrm{mid}}(j) = i\}$. 对任意的设施 $i \in \mathcal{F}$, 定义 $T_i := \{j \in \mathcal{D} : i \in \psi(j)\}$. 令 $n_i := |T_i|$. 定义 $S_{\mathrm{re}} := \{i \in S : n_i < L\}$.

步 3.2 构造 WLB k-median 实例 $\mathcal{I}_{\mathrm{WL}km}$ 的可行解 (S, ψ).

当 $S_{\mathrm{re}} \neq \varnothing$ 时

任意选取 S_{re} 中的某个设施 i, 然后任意选取 $L - n_i$ 个 $\mathcal{D}_i \setminus \{j \in \mathcal{D} : \sigma_{\mathrm{mid}}(j) = i\}$ 中的顾客连接到设施 i 上. 用 P_i 表示 $\mathcal{D}_i \setminus \{j \in \mathcal{D} : \sigma_{\mathrm{mid}}(j) = i\}$ 中被选取的 $L - n_i$ 个顾客. 对任意的顾客 $j \in P_i$, 更新 $\psi(j) := \psi(j) \cup \{i\}$. 更新 $S_{\mathrm{re}} := S_{\mathrm{re}} \setminus \{i\}$.

输出 可行解 (S, ψ).

用二元组 (S^*, ψ^*) 表示 WLB k-median 实例 $\mathcal{I}_{\mathrm{WL}km}$ 的最优解, 其中 $S^* \subseteq \mathcal{F}$ 表示最优解中开设设施集合, 指派 $\psi^* : \mathcal{D} \to \mathcal{P}(S^*)$ 表示最优解下顾客集合 $\mathcal{D}$ 中顾客的连接情况. 对任意的顾客 $j \in \mathcal{D}$, 用 $\psi^*(j)$ 表示顾客 j 在指派 ψ^* 下所连接到的所有设施所构成的集合. 用 $\mathrm{OPT}_{\mathrm{WL}km}$ 表示 WLB k-median 实例 $\mathcal{I}_{\mathrm{WL}km}$ 的最优解目标值, 即

$$\mathrm{OPT}_{\mathrm{WL}km} = \sum_{j \in \mathcal{D}} \sum_{i \in \psi^*(j)} c_{ij}.$$

用 $\mathrm{OPT}_{k\mathrm{F}}$ 表示 k-FL 实例 $\mathcal{I}_{k\mathrm{F}}$ 的最优解目标值.

下面的定理给出算法 23 的主要结论.

定理 5.5.1 算法 23 是 WLB k-median 的常数近似算法. 对任意的 WLB k-median 实例 $\mathcal{I}_{\mathrm{WL}km}$, 算法输出可行解 (S, ψ), 即 (S, ψ) 满足

$$|S| \leqslant k,$$

且对任意的设施 $i \in S$ 有

$$|\{j \in \mathcal{D} : i \in \psi(j)\}| \geqslant L.$$

同时, 可行解 (S, ψ) 的目标值不超过实例 $\mathcal{I}_{\mathrm{WL}km}$ 最优解目标值的 8 倍, 即

$$\sum_{j \in \mathcal{D}} \sum_{i \in \psi(j)} c_{ij} \leqslant 8 \cdot \mathrm{OPT}_{\mathrm{WL}km}.$$

不难看出, 算法 23 步 2 保证了所得解满足基数约束. 算法 23 步 3 结束时, 对任意的设施 $i \in S$, 均有

$$|\{j \in \mathcal{D} : i \in \psi(j)\}| \geqslant L.$$

故步 3 保证了所得解满足弱下界约束. 下面将关注算法 23 的近似比分析. 为证明定理 5.5.1 中的近似比, 需要以下引理.

引理 5.5.2 对 k-FL 实例 $\mathcal{I}_{k\mathrm{F}}$ 的最优解, 其目标值不超过 WLB k-median 实例 $\mathcal{I}_{\mathrm{WL}km}$ 最优解目标值的 2 倍, 即

$$\mathrm{OPT}_{k\mathrm{F}} \leqslant 2 \cdot \mathrm{OPT}_{\mathrm{WL}km}.$$

证明 可用以下方法由 WLB k-median 实例 $\mathcal{I}_{\mathrm{WL}km}$ 的最优解 (S^*, ψ^*) 构造出 k-FL 实例 $\mathcal{I}_{k\mathrm{F}}$ 的可行解 (S', σ'). 对任意的顾客 $j \in \mathcal{D}$, 找到 $\psi^*(j)$ 中距离 j 最近的设施 i_{c}^j, 即

$$i_{\mathrm{c}}^j := \arg \min_{i \in \psi^*(j)} c_{ij},$$

并定义 $\sigma'(j) := i_{\mathrm{c}}^j$. 定义 $S' := S^*$. 不难看出, 解 (S', σ') 是 k-FL 实例 $\mathcal{I}_{k\mathrm{F}}$ 的可行解. 由解 (S', σ') 的构造方式, 可得到

$$\sum_{j \in D} c_{\sigma'(j)j} \leqslant \sum_{j \in D} \sum_{i \in \psi^*(j)} c_{ij} = \mathrm{OPT}_{\mathrm{WL}km}. \tag{5.5.8}$$

由 $\mathcal{D}_i$ 的定义, 以及任意的设施 $i \in S^*$ 在最优解 (S^*, ψ^*) 中一定至少连接 L 个顾客, 可令费用 $\displaystyle\sum_{j \in \mathcal{D}_i} c_{ij}$ 作为最优解 (S^*, ψ^*) 中连接到设施 $i \in S^*$ 的顾客的相应连接费用之和的下界. 因此,

$$\sum_{i \in S^*} f_i = \sum_{i \in S^*} \sum_{j \in \mathcal{D}_i} c_{ij} \leqslant \mathrm{OPT}_{\mathrm{WL}km}. \tag{5.5.9}$$

结合不等式 (5.5.8) 和 (5.5.9), 可得到

$$\begin{aligned}
\mathrm{OPT}_{k\mathrm{F}} &\leqslant \sum_{i \in S'} f_i + \sum_{j \in \mathcal{D}} c_{\sigma'(j)j} \\
&= \sum_{i \in S^*} f_i + \sum_{j \in \mathcal{D}} c_{\sigma'(j)j} \\
&\leqslant \mathrm{OPT}_{\mathrm{WL}km} + \mathrm{OPT}_{\mathrm{WL}km} \\
&= 2 \cdot \mathrm{OPT}_{\mathrm{WL}km},
\end{aligned}$$

本引理得证. $\qquad\qquad\square$

引理 5.5.3 对 WLB k-median 实例 $\mathcal{I}_{\mathrm{WL}km}$ 的算法所得可行解 (S, ψ), 其目标值不超过解 $(S_{\mathrm{mid}}, \sigma_{\mathrm{mid}})$ 在 k-FL 实例 $\mathcal{I}_{k\mathrm{F}}$ 下的目标值, 即

$$\sum_{j \in \mathcal{D}} \sum_{i \in \psi(j)} c_{ij} \leqslant \sum_{i \in S_{\mathrm{mid}}} f_i + \sum_{j \in \mathcal{D}} c_{\sigma_{\mathrm{mid}}(j)j}.$$

证明 由算法 23 步 5.2, 定义在解 $(S_{\mathrm{mid}}, \sigma_{\mathrm{mid}})$ 下未满足弱下界约束的设施集合为 S_{uns}, 即

$$S_{\mathrm{uns}} := \{i \in S_{\mathrm{mid}} : |\{j \in \mathcal{D} : \sigma_{\mathrm{mid}}(j) = i\}| < L\}.$$

对任意的设施 $i \in S_{\mathrm{uns}}$, 算法 23 步 5.2 增加连接到其的顾客数量, 使得其满足弱下界约束, 算法用 P_i 表示被选取连接到设施 i 的新顾客. 用 $\mathrm{cost}(i)$ 表示将 P_i 中的顾客连接到设施 i 上所增加的费用, 即 $\mathrm{cost}(i) = \displaystyle\sum_{j \in P_i} c_{ij}$. 由于 P_i 中的顾客是在 $\mathcal{D}_i \setminus \{j \in \mathcal{D} : \sigma_{\mathrm{mid}}(j) = i\}$ 中选取的, 可得到

$$\mathrm{cost}(i) \leqslant \sum_{j \in \mathcal{D}_i} c_{ij}.$$

由算法 23 步 5, 以及以上不等式, 可看出

$$\sum_{j \in \mathcal{D}} \sum_{i \in \psi(j)} c_{ij} = \sum_{i \in S_{\text{uns}}} \text{cost}(i) + \sum_{j \in \mathcal{D}} c_{\sigma_{\text{mid}}(j)j}$$

$$\leqslant \sum_{i \in S_{\text{uns}}} \sum_{j \in \mathcal{D}_i} c_{ij} + \sum_{j \in \mathcal{D}} c_{\sigma_{\text{mid}}(j)j}$$

$$\leqslant \sum_{i \in S_{\text{mid}}} \sum_{j \in \mathcal{D}_i} c_{ij} + \sum_{j \in \mathcal{D}} c_{\sigma_{\text{mid}}(j)j}$$

$$= \sum_{i \in S_{\text{mid}}} f_i + \sum_{j \in \mathcal{D}} c_{\sigma_{\text{mid}}(j)j},$$

本引理得证. □

下面证明算法 23 的近似比. 由于解 $(S_{\text{mid}}, \sigma_{\text{mid}})$ 是 k-FL 实例 $\mathcal{I}_{kF}$ 的 ρ-近似解, 所以有

$$\sum_{i \in S_{\text{mid}}} f_i + \sum_{j \in \mathcal{D}} c_{\sigma_{\text{mid}}(j)j} \leqslant \rho \cdot \text{OPT}_{kF}.$$

由引理 5.5.2 和 5.5.3, 以及以上不等式, 可得到

$$\sum_{j \in \mathcal{D}} \sum_{i \in \psi(j)} c_{ij} \leqslant \sum_{i \in S_{\text{mid}}} f_i + \sum_{j \in \mathcal{D}} c_{\sigma_{\text{mid}}(j)j}$$

$$\leqslant \rho \cdot \text{OPT}_{kF}$$

$$\leqslant \rho \cdot 2 \cdot \text{OPT}_{\text{WL}km}.$$

由 $\rho = 2 + \sqrt{3} + \epsilon$, 可知近似比不超过 8.

参 考 文 献

[1] BYRKA J, AARDAL K. An optimal bifactor approximation algorithm for the metric uncapacitated facility location problem [J]. SIAM Journal on Computing, 2010, 39(6): 2212-2231.

[2] CHUDAK F A, SHMOYS D B. Improved approximation algorithms for the uncapacitated facility location problem [J]. SIAM Journal on Computing, 2003, 33(1): 1-25.

[3] LI S. A 1.488 approximation algorithm for the uncapacitated facility location problem [J]. Information and Computation, 2013, 222: 45-58.

[4] SHMOYS D B, TARDOS É, AARDAL K. Approximation algorithms for facility location problems [C]// In: Proceedings of the 29th Annual ACM Symposium on Theory of Computing, 1997. ACM, 1997: 265-274.

[5] SVIRIDENKO M. An improved approximation algorithm for the metric uncapacitated facility location problem [C]// In: Proceedings of the 9th International Conference on Integer Programming and Combinatorial Optimization, 2002. Springer, 2002: 240-257.

[6] JAIN K, VAZIRANI V V. Approximation algorithms for metric facility location and k-median problems using the primal-dual schema and Lagrangian relaxation [J]. Journal of the ACM, 2001, 48(2): 274-296.

[7] JAIN K, MAHDIAN M, MARKAKIS E, et al. Greedy facility location algorithms analyzed using dual fitting with factor-revealing LP [J]. Journal of the ACM, 2003, 50(6): 795-824.

[8] JAIN K, MAHDIAN M, SABERI A. A new greedy approach for facility location problem [C]// In: Proceedings of the 34th Annual ACM Symposium on Theory of Computing, 2002. ACM, 2002: 731-740.

[9] MAHDIAN M, YE Y, ZHANG J. Improved approximation algorithms for metric facility location problems [C]// In: Proceedings of the 5th International Workshop on Approximation Algorithms for Combinatorial Optimization, 2002. Springer, 2002: 229-242.

[10] ARYA V, GARG N, KHANDEKAR R, et al. Local search heuristics for k-median and facility location problems [J]. SIAM Journal on Computing, 2004, 33(3): 544-562.

[11] KORUPOLU M R, PLAXTON C G, RAJARAMAN R. Analysis of a local search heuristic for facility location problems [J]. Journal of Algorithms, 2000, 37(1): 146-188.

[12] LIN J H, VITTER J S. Approximation algorithms for geometric median problems [J]. Information Processing Letters, 1992, 44(5): 245-249.

[13] GUHA S, KHULLER S. Greedy strikes back: Improved facility location algorithms [J]. Journal of Algorithms, 1999, 31(1): 228-248.

[14] BARTAL Y. On approximating arbitrary metrices by tree metrics [C]// In: Proceedings of the 30th Annual ACM Symposium on Theory of Computing, 1998. ACM, 1998: 161-168.

[15] CHARIKAR M, CHEKURI C, GOEL A, et al. Rounding via trees: deterministic approximation algorithms for group Steiner trees and k-median [C]// In: Proceedings of the 30th Annual ACM Symposium on Theory of Computing, 1998. ACM, 1998: 114-123.

[16] CHARIKAR M, GUHA S, TARDOS É, et al. A constant-factor approximation algorithm for the k-median problem [J]. Journal of Computer and System Sciences, 2002, 65(1): 129-149.

[17] CHARIKAR M, GUHA S. Improved combinatorial algorithms for the facility location and k-median problems [C]// In: Proceedings of the 40th Annual Symposium on Foundations of Computer Science, 1999. IEEE, 1999: 378-388.

[18] LI S, SVENSSON O. Approximating k-median via pseudo-approximation [J]. SIAM Journal on Computing, 2016, 45(2): 530-547.

[19] BYRKA J, PENSYL T, RYBICKI B, et al. An improved approximation for k-median and positive correlation in budgeted optimization [J]. ACM Transactions on Algorithms, 2017, 13(2): 1-31.

[20] COHEN-ADDAD V, GRANDONI F, LEE E, et al. Breaching the 2 LMP approximation barrier for facility location with applications to k-median [C]// In: Proceedings of the 34th Annual ACM-SIAM Symposium on Discrete Algorithms, 2023. SIAM, 2023: 940-986.

[21] GONZALEZ T F. Clustering to minimize the maximum intercluster distance [J]. Theoretical Computer Science, 1985, 38: 293-306.

[22] HOCHBAUM D S, SHMOYS D B. A unified approach to approximation algorithms for bottleneck problems [J]. Journal of the ACM, 1986, 33(3): 533-550.

[23] HOCHBAUM D S, SHMOYS D B. A best possible heuristic for the k-center problem [J]. Mathematics of Operations Research, 1985, 10(2): 180-184.

[24] HSU W L, NEMHAUSER G L. Easy and hard bottleneck location problems [J]. Discrete Applied Mathematics, 1979, 1(3): 209-215.

[25] ZHANG P. A new approximation algorithm for the k-facility location problem [J]. Theoretical Computer Science, 2007, 384(1): 126-135.

[26] KUMAR A. Constant factor approximation algorithm for the knapsack median problem [C]// In: Proceedings of the 23rd Annual ACM-SIAM Symposium on Discrete Algorithms, 2012. SIAM, 2012: 824-832.

[27] CHARIKAR M, LI S. A dependent LP-rounding approach for the k-median problem [C]// In: Proceedings of the 39th International Colloquium on Automata, Languages, and Programming, 2012. Springer, 2012: 194-205.

[28] SWAMY C. Improved approximation algorithms for matroid and knapsack median problems and applications [J]. ACM Transactions on Algorithms, 2016, 12(4): 1-22.

[29] BYRKA J, PENSYL T, RYBICKI B, et al. An improved approximation algorithm for knapsack median using sparsification [J]. Algorithmica, 2018, 80: 1093-1114.

[30] KRISHNASWAMY R, LI S, SANDEEP S. Constant approximation for k-median and k-means with outliers via iterative rounding [C]// In: Proceedings of the 50th Annual ACM SIGACT Symposium on Theory of Computing, 2018. ACM, 2018: 646-659.

[31] CHARIKAR M, KHULLER S, MOUNT D M, et al. Algorithms for facility location problems with outliers [C]// In: Proceedings of the 12th Annual ACM-SIAM Symposium on Discrete Algorithms, 2001. SIAM, 2001: 642-651.

[32] XU G, XU J. An LP rounding algorithm for approximating uncapacitated facility location problem with penalties [J]. Information Processing Letters, 2005, 94(3): 119-123.

[33] XU G, XU J. An improved approximation algorithm for uncapacitated facility location problem with penalties [J]. Journal of Combinatorial Optimization, 2009, 17(4): 424-436.

[34] LI Y, DU D, XIU N, et al. Improved approximation algorithms for the facility location problems with linear/submodular penalties [J]. Algorithmica, 2015, 73: 460- 482.

[35] HAJIAGHAYI M, KHANDEKAR R, KORTSARZ G. Local search algorithms for the red-blue median problem [J]. Algorithmica, 2012, 63: 795-814.

[36] WU C, DU D, XU D. An approximation algorithm for the k-median problem with uniform penalties via pseudo-solution [J]. Theoretical Computer Science, 2018, 749: 80-92.

[37] WANG Y, XU D, DU D, et al. An approximation algorithm for k-facility location problem with linear penalties using local search scheme [J]. Journal of Combinatorial Optimization, 2018, 36: 264-279.

[38] PÁl M, TARDOS É, WEXLER T. Facility location with nonuniform hard capacities [C]// In: Proceedings of the 42nd IEEE Symposium on Foundations of Computer Science, 2001. IEEE, 2001: 329-338.

[39] MAHDIAN M, PÁl M. Universal facility location [C]// In: Proceedings of the 11th Annual European Symposium, 2003. Springer, 2003: 409-421.

[40] ZHANG J, CHEN B, YE Y. A multiexchange local search algorithm for the capacitated facility location problem [J]. Mathematics of Operations Research, 2005, 30(2): 389-403.

[41] BANSAL M, GARG N, GUPTA N. A 5-approximation for capacitated facility location [C]// In: Proceedings of the 20th Annual European Symposium, 2012. Springer, 2012: 133-144.

[42] AN H C, SINGH M, SVENSSON O. LP-based algorithms for capacitated facility location [J]. SIAM Journal on Computing, 2017, 46(1): 272-306.

[43] CHUDAK F A, WILLIAMSON D P. Improved approximation algorithms for capacitated facility location problems [J]. Mathematical Programming, 2005, 102: 207-222.

[44] AGGARWAL A, LOUIS A, BANSAL M, et al. A 3-approximation algorithm for the facility location problem with uniform capacities [J]. Mathematical Programming, 2013, 141(1-2): 527-547.

[45] LI S. Approximating capacitated k-median with $(1 + \epsilon)k$ open facilities [C]// In: Proceedings of the 27th Annual ACM-SIAM Symposium on Discrete Algorithms, 2016. SIAM, 2016: 786-796.

[46] DEMIRCI G, LI S. Constant approximation for capacitated k-median with $(1 + \epsilon)$-capacity violation [C]// In: Proceedings of the 43rd International Colloquium on Automata, Languages, and Programming, 2016. Schloss Dagstuhl-Leibniz-Zentrum für Informatik, 2016(55): 73.

[47] ADAMCZYK M, BYRKA J, MARCINKOWSKI J, et al. Constant-factor FPT approximation for capacitated k-median [C]// In: Proceedings of the 27th Annual European Symposium on Algorithms, 2019. Schloss Dagstuhl-Leibniz-Zentrum für Informatik, 2019: 1.

[48] COHEN-ADDAD V, LI J. On the fixed-parameter tractability of capacitated clustering [C]// In: Proceedings of the 46th International Colloquium on Automata, Languages, and Programming, 2019. Schloss Dagstuhl-Leibniz-Zentrum für Informatik, 2019(132): 41.

[49] LI S. An improved approximation algorithm for the hard uniform capacitated k-median problem [C]// In: Proceedings of the 17th Workshop on Approximation, Randomization, and Combinatorial Optimization, 2014. Schloss Dagstuhl-Leibniz-Zentrum für Informatik, 2014: 325.

[50] CYGAN M, HAJIAGHAYI M T, KHULLER S. LP rounding for k-centers with non-uniform hard capacities [C]// In: Proceedings of the 53rd Annual Symposium on Foundations of Computer Science, 2012. IEEE, 2012: 273-282.

[51] AN H C, BHASKARA A, CHEKURI C, et al. Centrality of trees for capacitated k-center [J]. Mathematical Programming, 2015, 154(1-2): 29-53.

[52] BAR-ILAN J, KORTSARZ G, PELEG D. How to allocate network centers [J]. Journal of Algorithms, 1993, 15(3): 385-415.

[53] KHULLER S, SUSSMANN Y J. The capacitated k-center problem [J]. SIAM Journal on Discrete Mathematics, 2000, 13(3): 403-418.

[54] GUHA S, MEYERSON A, MUNAGALA K. Hierarchical placement and network design problems [C]// In: Proceedings of the 41st Annual Symposium on Foundations of Computer Science, 2000. IEEE, 2000: 603-612.

[55] KARGER D R, MINKOFF M. Building Steiner trees with incomplete global knowledge [C]// In: Proceedings of the 41st Annual Symposium on Foundations of Computer Science, 2000. IEEE, 2000: 613-623.

[56] FRIGGSTAD Z, REZAPOUR M, SALAVATIPOUR M R. Approximating connected facility location with lower and upper bounds via LP rounding [C]// In: Proceedings of the 15th Scandinavian Symposium and Workshops on Algorithm Theory, 2016. Schloss Dagstuhl-Leibniz-Zentrum für Informatik, 2016 (53): 1.

[57] SVITKINA Z. Lower-bounded facility location [J]. ACM Transactions on Algorithms, 2010, 6(4): 1-16.

[58] AHMADIAN S, SWAMY C. Improved approximation guarantees for lower-bounded facility location [C]// In: Proceedings of the 10th International Workshop on Approximation and Online Algorithms, 2012. Springer, 2012: 257-271.

[59] LI S. On facility location with general lower bounds [C]// In: Proceedings of the 30th Annual ACM-SIAM Symposium on Discrete Algorithms, 2019. SIAM, 2019: 2279-2290.

[60] HAN L, WU C, XU Y. Approximate the lower-bounded connected facility location problem [C]// In: Proceedings of the 27th International Computing and Combinatorics Conference, 2021. Springer, 2021: 487-498.

[61] HAN L, HAO C, WU C, et al. Approximation algorithms for the lower-bounded k-median and its generalizations [C]// In: Proceedings of the 26th International Computing and Combinatorics Conference, 2020. Springer, 2020: 627-639.

[62] HAN L, HAO C, WU C, et al. Approximation algorithms for the lower-bounded knapsack median problem [C]// In: Proceedings of the 14th International Conference on Algorithmic Aspects in Information and Management, 2020. Springer, 2020: 119-130.

[63] WU X, SHI F, GUO Y, et al. An approximation algorithm for lower-bounded k-median with constant factor [J]. Science China Information Sciences, 2022, 65(4): 140601.

[64] ARUTYUNOVA A, SCHMIDT M. Achieving anonymity via weak lower bound constraints for k-median and k-means [C]// In: Proceedings of the 38th International Symposium on Theoretical Aspects of Computer Science, 2021. Springer, 2021(187): 7.

[65] AGGARWAL G, PANIGRAHY R, FEDER T, et al. Achieving anonymity via clustering [J]. ACM Transactions on Algorithms, 2010, 6(3): 1-19.

[66] ARMON A. On min-max r-gatherings [J]. Theoretical Computer Science, 2011, 412(7): 573-582.

[67] GOLDBERG A V, TARJAN R E. A new approach to the maximum-flow problem [J]. Journal of the ACM, 1988, 35(4): 921-940.